泡沫混凝土材料特性与工程应用

王新泉　黄天元　宁英杰　著

科 学 出 版 社

北　京

内 容 简 介

本书针对泡沫混凝土材料展开相关的材料性能和工程应用研究，探究不同密度下的泡沫混凝土微观结构和水化产物，分析了微观结构理论下的强度、应变率、断裂性能等特征。同时应用有限元工具进行泡沫混凝土轴压和断裂过程模拟，并与试验结果对比，充分证明了有限元能够成为模拟材料受力性能的有力工具。本书对泡沫混凝土应用于高陡路堤、预压换填等工程中的施工工艺和工后沉降变形进行观测和有限元分析，可实现泡沫混凝土应用的精细设计。

本书可作为高等院校和科研院所相关专业研究生的学习用书，也可为泡沫混凝土的相关研究提供一定的参考。

图书在版编目（CIP）数据

泡沫混凝土材料特性与工程应用 / 王新泉，黄天元，宁英杰著. —北京：科学出版社，2022.3

ISBN 978-7-03-070446-7

Ⅰ. ①泡…　Ⅱ. ①王…　②黄…　③宁…　Ⅲ. ①泡沫混凝土－研究
Ⅳ. ①TU528.2

中国版本图书馆 CIP 数据核字（2021）第 222781 号

责任编辑：惠　雪　罗　娟　曾佳佳 / 责任校对：樊雅琼
责任印制：赵　博 / 封面设计：许　瑞

科学出版社 出版
北京东黄城根北街 16 号
邮政编码：100717
http://www.sciencep.com
北京厚诚则铭印刷科技有限公司印刷
科学出版社发行　各地新华书店经销
*
2022 年 3 月第　一　版　开本：720×1000　1/16
2025 年 1 月第二次印刷　印张：11 1/4
字数：225 000

定价：119.00 元

（如有印装质量问题，我社负责调换）

前　言

泡沫混凝土的组成主要包括水、水泥、粉煤灰、发泡剂等。通过物理或化学法，对发泡剂、水泥浆等进行处理，把气泡引入胶凝浆体里，经过一定时间的凝结硬化，形成大孔隙轻质混凝土材料。泡沫混凝土的优点包括轻质、保温、隔热、隔声、耐火、高流态、减震、环保、整体性好、施工简便等，因此广泛应用于建筑的隔墙、保温、防火材料中，起到良好的环保效果。此外，泡沫混凝土可以利用大量的工业废渣，符合可持续发展的需要，且泡沫混凝土成本较低，有利于控制工程造价。

自 1950 年苏联专家向我国推广泡沫混凝土技术，经过 70 多年的研究与应用，泡沫混凝土技术不断发展，其技术水平已经非常成熟。在不同的建设领域得到广泛应用，如挡土墙、复合墙板、管线回填、混凝土填层等。

与压实土体等换填材料相比，泡沫混凝土具有轻质高强、不可压缩以及高流动性等特点，应用于道路桥梁换填，为路桥设计中的一些难题提供了相应的解决方案。在施工设计中主要以实际工程为依据，以工程需要的标准进行配合比设计，使泡沫混凝土强度、密度等性能符合实际工程需求。泡沫混凝土换填的施工效率明显高于土体等其他换填材料，有效缩短了地基施工工期。

泡沫混凝土在路桥方面的应用主要包括：①道路桥台背路基换填。泡沫混凝土用于填筑桥台与路基连接处，可以使桥台与路基结合部附近沉降曲线的梯度变化更加缓慢。大幅度降低填土荷载，减小地基附加应力，提高路基的稳定性；使得路基与桥台间的过渡段材料性能不至于突变；混凝土可以直立填筑，减少了侧向压力。②用于道路加宽。混凝土可以直立填筑，减少了土地的占用，一方面缩短了工期，另一方面减少了工程造价。③用于桥梁减跨。主要能够全面解决土压力及台前锥坡等问题，使桥台设计更加优化，可实现单排桥台，减少桥跨及造价。

在钱江通道及接线工程绍兴段，泡沫混凝土应用于软基地段路基工程，28d 抗压强度均超过 0.6MPa，密度为 600kg/m^3 左右。泡沫混凝土填筑处理后，从施工期至预压期这一时间段计算，建设物的累计沉降量为 50～300mm，如果卸载，工后的沉降就变得非常小。在温州绕城高速公路施工过程中，对泡沫混凝土拓宽路基附加应力规律和沉降等进行全面分析，得到了拓宽参数对新旧路基均匀沉降所产生的影响面。上述研究表明，路面拓宽施工会对原有道路产生影响，且由于地基固结时间的差异，会在两者交界位置出现较大的不均匀沉降，最大差异沉降率非线性增大。拓宽的宽度越大，泡沫混凝土“应力置换”整体效果就会越强。

高速公路高路堤路段滑塌采用泡沫混凝土处置能减轻填土自重，提高路堤的抗滑稳定性，而且能缩短施工工期，并节省用地，充分提高土地利用效率和工程质量。2016 年 11 月湖南省首个采用泡沫混凝土工程的公路终于完工。除此之外，还有广州亚运大道现浇泡沫混凝土施工、京珠高速公路现浇泡沫混凝土工程、鸟巢周边道路现浇泡沫混凝土工程、天津津滨高速公路现浇泡沫混凝土工程等。

现场试验和应用证明，作为轻质回填材料，泡沫混凝土可以降低路基的整体自重，减少对结构物的侧向压力，特别是在路基的基础建设中，有效提高了道路的承载能力，减小了交通荷载压力，行驶过程中，能够避免出现震动反应，保证了车辆行驶的稳定性，在公路工程实践中有良好的效果。

本书从泡沫混凝土基本性能出发，采用试验和数值模拟结合的方法，基于泡沫混凝土的微观结构研究容重、加载速率、温度等多个因素对其性能的影响；结合试验和有限元模拟，进行泡沫混凝土受压全过程和断裂性能研究，尝试分析微观结构和混凝土力学性能的关系，并为后续工程中采用有限元模拟泡沫混凝土提供建模参考。结合浙江地区公路建设需求，研究了泡沫混凝土在轻质抗滑路堤、滑坡处置、无锥坡桥头填充、高陡路基沉降、路桥过渡段预压换填等工程应用，通过工后沉降监测和模拟沉降，验证泡沫混凝土的处置效果和模型预测准确性，为泡沫混凝土在公路工程的进一步推广应用提供理论和实践基础，研究成果具有广阔的市场应用前景。

本书涉及的研究工作得到浙江交工集团股份有限公司、温州绕城高速公路西南线有限公司、贵州省铜仁公路管理局等单位的支持，在此表示衷心感谢。同时对科学出版社编辑的辛勤付出，对在写作过程中参考的国内外文献作者一并表示感谢。特别感谢家人、朋友和同事在本人学习、工作中长期给予的关心和支持。

泡沫混凝土相关领域的研究内容非常丰富，限于作者的学识和水平，书中难免存在疏漏之处，恳请读者和学界同行不吝指出。

王新泉

2021 年 7 月

目　录

第1章　绪　　论

1.1　泡沫混凝土性能概述

泡沫混凝土（foamed concrete，FC）被认为是解决隧道和地下工程问题的新兴可持续的解决方案。与普通混凝土（ordinary concrete，OC）相比，泡沫混凝土具有优异的力学性能，如表 1-1 所示。它有望部分或全部取代地下工程中的传统混凝土，具有经济、社会和环境效益。

表 1-1　普通混凝土和泡沫混凝土的性能比较[1-20]

参数	物理性能			力学性能				功能特性	
	干密度/（kg/m^3）	干缩率/%	孔隙率/%	弹性模量/GPa	抗压强度/GPa	抗拉强度/GPa	抗弯强度/GPa	导热系数/（W/（m·K））	流动性/mm
OC	2000～2800	0.05～0.1	—	25～38	15～80	0.9～2.5	2.0～9.0	约2.5	约 90
FC	300～1800	0.15～0.35	0~84	0.1～1.0	0.6～43.0	0.05～0.55	0.03～0.9	0.05～0.3	>180

1）性能优良

泡沫混凝土广泛的性能变化适用于多种工况。低密度的特征（通常为 300～1800kg/m^3）有助于减少恒载，而自立性能保证其不会产生横向荷载[21-23]，在边坡、隧道工程中有很大的优势。泡沫混凝土中含有大量封闭的小孔隙，与普通混凝土相比，具有优异的耐火性[24]、隔热性和隔声性[25-27]，如密度为 300～1200kg/m^3的泡沫混凝土通常具有 0.08～0.3W/(m·K)的导热系数[7, 28-30]，是性能稳定耐久的建筑保温隔热材料。由于质量轻，弹性模量低，泡沫混凝土结构在地震荷载作用下能有效吸收和扩散冲击能量，表现出良好的抗震性能。综上所述，低自重、低横向荷载、保温隔热、抗震性能好等特征促使泡沫混凝土在隧道、边坡、建筑等工程中广泛应用。

2）环境友好

利用粉煤灰、再生玻璃等再生废弃物生产泡沫混凝土，可以减少固体废物污染[31, 32]。在保证泡沫混凝土强度的前提下，大量工业废料可作为掺合料使用[33-35]。泡沫混凝土所需的发泡剂是具有相当生物降解性的近中性表面活性剂，通常不含苯和甲醛，对土壤、水和空气的不利影响很小[3, 36-38]，从而能够最大限度地减少施工阶段泡沫混凝土材料对自然环境的破坏。

3）节约施工成本

在理论垂直高度为200m，水平距离为600m的范围内，通过配备泡沫搅拌器、动力泵和输送管道，在200～300m^3/d的负荷下，即可实现泡沫混凝土的泵送[39]。泡沫混凝土的高流动性可以产生相当大的泵送能力，对泵功率的要求较低，而大批量生产和浇筑连续作业，可显著提高工作效率。良好的流动性和自流平性意味着使用管道泵送时对能耗和人力移动的要求较低[40]，尤其是在大体积混凝土中。因此，泡沫混凝土应用中，合理的配合比、快速的设备安装和后期维护成本低等因素均可降低施工总体成本。

本书成果的应用不仅可以提高我国泡沫混凝土在公路桥隧工程中的设计及施工水平，而且可以减少施工后的养护投资和工作量，使我国公路建设投资发挥尽可能大的效用。

1.2　公路隧道工程中的新应用

1.2.1　保温材料

近年来，寒冷地区隧道的保温措施主要有电伴热、保温门和防冻保温层（即内衬结构的保温材料）[41-43]。然而，电伴热需要大量的能源来保证热效率，不能满足国家节能环保的要求。保温门不适用于交通量大的隧道，不间断的开闭会造成较大的热损失[44, 45]。因此，将泡沫混凝土同时作为内衬结构和保温材料，可简化施工工艺，降低材料投资。

Yuan[46]报道了我国高寒地区某隧道采用泡沫混凝土作为保温材料的案例研究，该隧道洞口每年冻结时间达8个月，最低温度为−27.7℃。表1-2给出了文献中使用的泡沫混凝土配合比。与有绝缘层的情况相比，无绝缘层测量位置的温度变化显著，两种工况下的温度变化和最低温度分别为4.5℃、2℃和1℃、3℃。冻融循环对泡沫混凝土性能影响的研究结果将有助于进一步提高和优化泡沫混凝土作为绝缘材料的耐久性[47, 48]。

表1-2　隧道防冻层泡沫混凝土配合比（体积比）[46]

材料	粉煤灰	珍珠岩	泡沫	聚丙烯纤维	水	防水剂	防冻剂	减水剂	促凝剂
比值	30	18	150	0.2	40	0.3	2	1	4

1.2.2　抗震层

为了在施工期间转移部分岩体压力，避免衬砌在地震作用下破坏，一般在衬砌与围岩之间设置抗震层[49-51]。泡沫混凝土具有较大的承载力和变形能力，是隧道工程理想的抗震材料。如表 1-3 所示，Zhao 等[52]开发了一种新型泡沫混凝土抗震材料。应用结果表明，采用新型泡沫混凝土材料可以显著降低隧道衬砌的应力和塑性区。同时，Huang 等[53]进行了调查，通过耐久性试验表明泡沫混凝土作为抗震材料耐久性能优于橡胶。

表 1-3　抗震层泡沫混凝土配合比[52]　　（单位：kg/m^3）

水泥	泡沫	珍珠岩	水	防水剂	防冻剂	减水剂	促凝剂	纤维
600	0.8	108	250	5	13	6.5	30	1

1.2.3　结构构件

二次衬砌完成后，尤其是深埋隧道中的结构构件将继续发生徐变变形，容易引起结构损伤或破坏。而单纯增加二次衬砌厚度不能完全控制岩体的徐变变形。泡沫混凝土构件用于一次支护与二次衬砌之间的预留变形，可承受变形压力，泡沫混凝土的高压缩性和高延性有助于消除大变形时的整体损伤或破坏。铁峰山二号隧道衬砌系统采用抗压强度为 0.4～0.7MPa、孔隙率为 68%、密度为 $800kg/m^3$ 的泡沫混凝土来抵抗膏盐引起的膨胀压力[54]。自 2005 年 9 月成功实施以来，隧道运行良好，未发生任何损坏。

Wang 等[55]研究了泡沫混凝土衬砌构件的长期性能响应，并与普通大跨度软岩隧道进行了比较，结果表明：经过 100 年的徐变，拱顶沉降和水平收敛分别减小了 61%和 45%，二次衬砌塑性区明显减小。Wu 等[56]开发了一种与新型泡沫混凝土相结合的特殊屈服支撑系统。新开发的系统嵌在一次支护和二次衬砌之间，与刚性支护系统相比，由于垫层效应，二次衬砌顶板和两侧的塑性区变形得到明显改善和减小。

1.2.4　回填与加固

表 1-4 总结了泡沫混凝土作为公路隧道选择性填料的实际应用，主要包括空间或空腔填充，明挖和辅助隧道回填、体积填充（如废弃的隧道回填、塌陷处理等）。

表 1-4　泡沫混凝土作为选择性填料的应用实例

参考文献	隧道名称	国家	年份	应用	特点
[57]	Kent Thameside tunnels	英国	2010	改造	50m 深的隧道延伸约 90m，回填密度为 $400kg/m^3$、抗压强度为 0.5MPa 的泡沫混凝土
[58]	Dakota 项目	美国	2000	加固回填	隧道上方的原始颗粒回填导致地基沉降，最终引起结构变形。移除原有的填充物，用 $500kg/m^3$ 的泡沫混凝土代替
[58]	Farnworth	英国	2015	辅助结构	使用 $7800m^3$ 回填密度为 $1100kg/m^3$ 和抗压强度为 1MPa 的泡沫混凝土回填 300m 长的双孔隧道，以容纳隧道掘进机（TBM）
[57]	Thackley	英国	2013	结构加固	随着记录更多的变形，路拱被迫向上推入空隙。总共需要 $2540m^3$ 回填密度为 $1120\sim1130kg/m^3$ 和抗压强度为 1MPa 的泡沫混凝土
[56]	花石崖隧道	中国	2015	空洞填充	隧道二次衬砌出现空洞和裂缝，采用泡沫混凝土注浆法进行修补
[57]	Gerrards 交叉工程	英国	2009	减载	为减少恒载，在隧道两侧设置桩墙，并在拱顶处采用 $26000m^3$ 泡沫混凝土和 $375kg/m^3$ 的桩墙形成水平地面
[59]	五老峰隧道	中国	2009	渗水处理	隧道边墙渗漏严重，部分地段甚至有涌水现象，故采用泡沫混凝土作为防水材料

Kontoe 等[60]报道了土耳其博卢（Bolu）公路双隧道修复中的回填情况（图 1-1（a））。隧道在 1999 年的迪兹杰地震中遭受了巨大的破坏，在重建中，为了稳定隧道工作面，临时回填了大量的泡沫混凝土。与普通混凝土相比，泡沫混凝土在隧道塌方处理中具有优越性，其原因在于：①密度和强度可控；②良好的流动性，可以完全填充和饱和塌方空腔，从而加固裂隙体。图 1-1（b）和（c）展示了利用泡沫混凝土加固石马隧道中一个长 20m、深 9.6m 的坍塌体，在该坍塌体中，岩体被破碎并斜切[61]。施工现场的后续反馈证实了该处理材料的有效性。

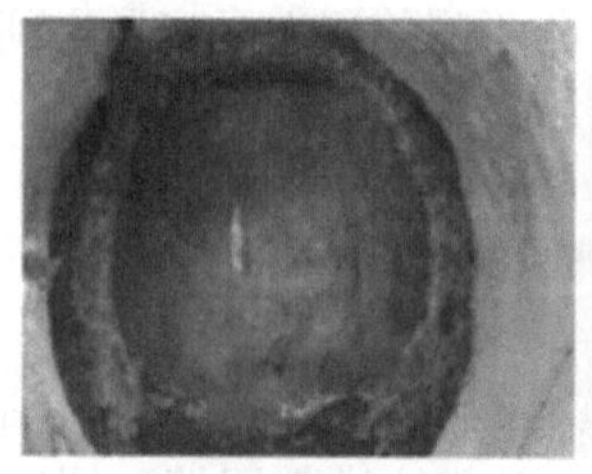
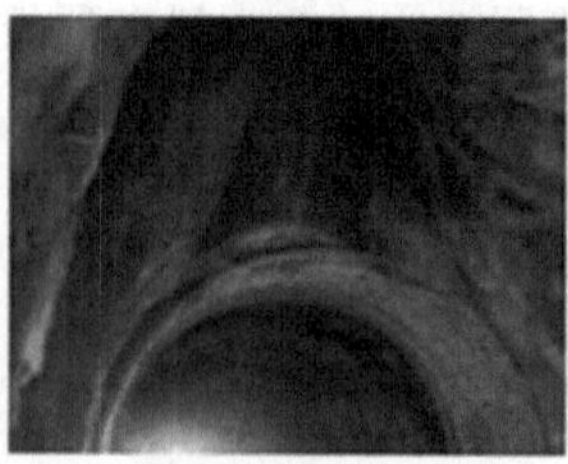

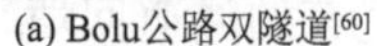

(a) Bolu公路双隧道[60]　(b) 石马隧道塌陷　(c) 石马隧道泵送泡沫混凝土处理[61]

图 1-1　泡沫混凝土在隧道结构中的应用

1.2.5 减小恒载

图 1-2 说明了泡沫混凝土在地铁填土中的应用。近年来，泡沫混凝土生产技术在欧洲、北美、日本、韩国、中国和东南亚等国家及地区已趋于成熟。使用的其他形式包括选择性填充和加固，以确保施工安全。

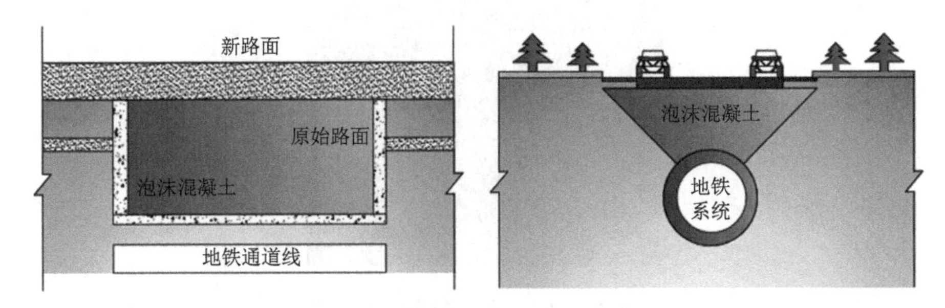

图 1-2 泡沫混凝土在地铁填土中的应用

1.3 矿井管道工程中的新应用

1.3.1 煤矿井下巷道

泡沫混凝土在煤矿中的应用主要包括回填材料、支护系统、防水防气三个方面。

1）回填材料

早在 1992 年，美国矿务局就发布了使用密度为 720kg/m^3 的泡沫混凝土回填废弃矿井的方案，用于现场施工的目标是西弗吉尼亚州洛根县的 22 号矿井[62]。迄今为止，世界上最大的一次使用泡沫混凝土的矿井是英国巴斯附近的库姆斯通矿的稳定工作，最终使用了密度和强度分别为 650kg/m^3 和 1MPa 的泡沫混凝土约 40 万 m^3（图 1-3）[63]。

图 1-3 库姆斯通矿

2）支护系统

Tan 等[64]针对煤矿软岩巷道大变形问题，提出了泡沫混凝土阻尼层复合支护体系。结果表明，U 形钢的收缩率随着泡沫混凝土对其所产生的大部分变形的吸收而显著降低（图 1-4）。

图 1-4　泡沫混凝土复合支护系统

3）防水防气

煤矿密闭墙被认为是防止漏风引起残煤自燃的有效方法。Wen 等[65]研究开发了一种新型泡沫混凝土，用于生产控制潜在空气泄漏的墙体。泡沫混凝土墙体 28d 抗压强度达 5MPa，无残余裂隙，有效地抑制了采空区漏风（图 1-5）。

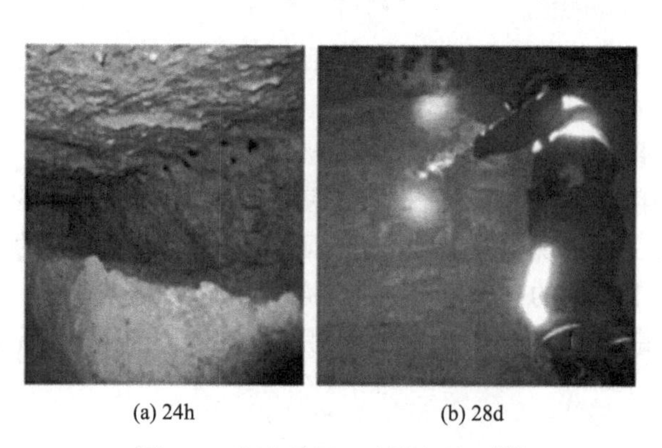

(a) 24h　　(b) 28d

图 1-5　泡沫混凝土墙填充效果[65]

1.3.2　公共管道及设施

在实际工程中，利用泡沫混凝土材料回填市政管道，有助于控制施工场地狭小、压实不良而造成的工后沉降。在日本，天然气管道等市政管道通常采用泡沫混凝土填充，以防止外部破坏，特别是在地震频繁的地区[66]，如 13300m 长的石原-希尔德隧道和 18060m 长的东京湾天然气隧道。

泡沫混凝土广泛应用于水工隧道的抗震设计中。Dowding 和 Rozen[67]通过对几十个实例隧道的调研，证实了美国水工隧道发生的一系列地震破坏事件。日本在 1995 年阪神大地震（M_s=7.2）中也记录了类似的破坏，神户和邻近地区的供水管道及污水排放系统受到严重破坏，神户的供水系统甚至被完全破坏[68, 69]。目前，泡沫混凝土作为水工隧洞抗震材料的应用已取得了许多成果。Port Mann 水工隧道工程位于加拿大温哥华，采用 6000m^3 泡沫混凝土建造，以满足地震回填要求，并获得 100 年的可靠性[70]。

1.4 本书主要内容

泡沫混凝土因其特殊的性能而得到广泛的应用，很多研究学者对其制备方法和工作性能进行了大量的试验研究，对泡沫混凝土性能的影响因素进行了详细研究，在其基本力学性能的研究上，部分学者也通过试验得到了相关结论。泡沫混凝土微观结构理论的研究还不够，这些有限的文献不足以全面了解泡沫混凝土的微观机理。将泡沫混凝土的微观结构与宏观性能联系起来，结合本书的工程实例，开发了一系列高陡地形泡沫混凝土施工技术，通过数值模拟的手段对不同工况下使用的泡沫混凝土进行验证，是一个值得深入研究的课题。因此，本书开展的具体研究工作如下。

（1）泡沫混凝土微观结构分析以及高温作用后泡沫混凝土结构及性能试验研究。

针对影响泡沫混凝土微观结构的形成、演化以及在进程中产生重要影响的因素进行研究，分析采用压汞试验和电镜试验对 500kg/m^3、600kg/m^3、750kg/m^3 三种不同密度的泡沫混凝土微观孔结构进行对比分析，并对不同密度泡沫混凝土的微观形貌进行分析；采用 X 射线衍射（X-ray diffraction，XRD）试验对水化龄期分别为 3d、7d 和 28d 的泡沫混凝土水化产物的矿物进行分析。研究不同密度泡沫混凝土在高温热处理后性能的衰减规律，通过将自制的三种密度等级（500kg/m^3、600kg/m^3、750kg/m^3）的泡沫混凝土在 5 种高温（100℃、200℃，400℃、600℃、800℃）条件下热处理后的质量损失、抗压强度、吸水率、微观孔结构等物理性质与常温（65℃）下的结果进行对比研究，得出泡沫混凝土在高温下性能的衰减规律。

（2）基于 DIC 与 FEM 的泡沫混凝土基本力学特性研究。

对三种不同密度的混凝土开展不同速率的单轴压缩加载试验。运用数字图像相关（digital image correlation，DIC）法观察试件表面的变形，同时运用声发射技术，对试验过程中的断裂发展进行监测。运用有限元软件（ABAQUS Unified FEA）

来研究所提出的泡沫混凝土的性能。

（3）泡沫混凝土基本力学性能试验研究及数值模拟分析。

通过试验测试与数值模拟相结合的方法，研究了密度和加载速率对泡沫混凝土力学性能的影响。为了获得完整的泡沫混凝土内部孔隙结构，对三种密度的立方体试样进行 CT 扫描；进行一系列的单轴压缩试验和三点弯拉试验研究密度和加载速率对泡沫混凝土单轴抗压强度和三点弯拉强度的影响；创建特定密度和孔隙度的泡沫混凝土数值模型，从细观角度研究密度和加载速率对泡沫混凝土抗压强度和三点弯拉强度的影响，利用确定的水泥净浆粒径和细观参数生成与试验相吻合的数值模型。并将模拟结果与试验现象对比分析，进一步探究孔隙结构对泡沫混凝土宏观力学性能的影响。

（4）基于扩展有限元的泡沫混凝土三点弯断裂数值模拟。

研究泡沫混凝土梁在三点弯荷载作用下的断裂特性，试验考虑不同缝高比的初始裂缝以及不同加载速率两种影响因素，对不同密度的泡沫混凝土试件进行三点弯断裂试验。结合声发射（AE）技术以及数字图像相关法（DIC）研究泡沫混凝土的断裂过程，利用有限元分析软件 ABAQUS-CAE 中的扩展有限元（extended finite element method，XFEM）技术分析了泡沫混凝土梁在三点弯荷载下的裂缝展开过程。

（5）高陡地形泡沫混凝土轻质路堤成套施工技术研究。

结合依托工程，采用数值模拟、理论分析和现场试验相结合的手段，研究高陡地形泡沫混凝土抗滑轻质路堤施工技术、高陡地形滑坡处置泡沫混凝土轻质路堤施工技术和高陡地形无锥坡桥头泡沫混凝土轻质路堤施工技术。

（6）泡沫混凝土高陡路堤数值模拟研究。

依托工程数据，采用数值模拟的手段，研究填筑不同高度的泡沫混凝土对路堤竖向位移、地基应力、水平位移的影响。

参 考 文 献

[1] Jones M R, McCarthy A. Preliminary views on the potential of foamed concrete as a structural material. Magazine of Concrete Research, 2005, 57(1): 21-31.

[2] Bing C, Zhen W, Ning L. Experimental research on properties of high-strength foamed concrete. Journal of Materials in Civil Engineering, 2011, 24(1): 113-118.

[3] Jones M R, McCarthy A. Heat of hydration in foamed concrete: Effect of mix constituents and plastic density. Cement and Concrete Research, 2006, 36(6): 1032-1041.

[4] Ghorbani S, Ghorbani S, Tao Z, et al. Effect of magnetized water on foam stability and compressive strength of foam concrete. Construction and Building Materials, 2019, 197: 280-290.

[5] Lim S K, Tan C S, Zhao X, et al. Strength and toughness of lightweight foamed concrete with

different sand grading. KSCE Journal of Civil Engineering, 2015, 19(7): 2191-2197.

[6] Kearsley E P, Wainwright P J. Porosity and permeability of foamed concrete. Cement and Concrete Research, 2001, 31(5): 805-812.

[7] Zhang S, Jones M R. Characterization and simulation of microstructure and thermal properties of foamed concrete. Construction and Building Materials, 2013, 47: 1278-1291.

[8] Narayanan N, Ramamurthy K. Structure and properties of aerated concrete: A review. Cement and Concrete Composites, 2000, 22(5): 321-329.

[9] Al-Khaiat H, Haque M N. Effect of initial curing on early strength and physical properties of a lightweight concrete. Cement and Concrete Research, 1998, 28(6): 859-866.

[10] Kayali O, Haque M N, Zhu B. Drying shrinkage of fibre-reinforced lightweight aggregate concrete containing fly ash. Cement and Concrete Research, 1999, 29(11): 1835-1840.

[11] Gesoglu M, Özturan T, Güneyisi E. Shrinkage cracking of lightweight concrete made with cold-bonded fly ash aggregates. Cement and Concrete Research, 2004, 34(7): 1121-1130.

[12] Domenico D D. RC members strengthened with externally bonded FRP plates: A FE-based limit analysis approach. Composites Part B: Engineering, 2015, 71: 159-174.

[13] Piasta W, Góra J, Budzyński W. Stress-strain relationships and modulus of elasticity of rocks and of ordinary and high-performance concretes. Construction and Building Materials, 2017, 153: 728-739.

[14] Xie J, Yan J B. Experimental studies and analysis on compressive strength of normal-weight concrete at low temperatures. Structural Concrete, 2017, 19: 1235-1244.

[15] Li D Q, Li Z L, Lv C C, et al. A predictive model of the effective tensile and compressive strengths of concrete considering porosity and pore size. Construction and Building Materials, 2018, 170: 520-526.

[16] 丁奎. 隧道结构缺陷柔性充填技术研究. 济南: 山东大学, 2018.

[17] Valore R C, Jr.. Cellular concretes Part 2 physical properties. ACI Journal Proceedings, 1954, 50(6): 817-836.

[18] Richard A O, Ramli M. Experimental production of sustainable lightweight foamed concrete. British Journal of Applied Science and Technology, 2013, 3(4): 994-1005.

[19] Kunhanandan Nambiar E K, Ramamurthy K. Fresh state characteristics of foam concrete. Journal of Materials in Civil Engineering, 2008, 20(2): 111-117.

[20] Roslan A F, Awang H, Mydin M. Effects of various additives on drying shrinkage, compressive and flexural strength of lightweight foamed concrete (LFC). Advanced Materials Research, 2013, 626: 594-604.

[21] Zhang Z H, Provis J L, Reid A, et al. Geopolymer foam concrete: An emerging material for sustainable construction. Construction and Building Materials, 2014, 56: 113-127.

[22] Prabha P, Palani G S, Lakshmanan N, et al. Behaviour of steel-foam concrete composite panel under in-plane lateral load. Journal of Constructional Steel Research, 2017, 139: 437-448.

[23] Hulimka J, Krzywoń R, Jędrzejewska A. Laboratory tests of foamed concrete slabs reinforced with composite grid. Procedia Engineering, 2017, 193: 337-344.

[24] Mydin M A O, Wang Y C. Mechanical properties of foamed concrete exposed to high

temperatures. Construction and Building Materials, 2012, 26: 638-654.
[25] Huang Z M, Zhang T S, Wen Z Y. Proportioning and characterization of Portland cement-based ultra-lightweight foam concretes. Construction and Building Materials, 2015, 79: 390-396.
[26] Cong M, Bing C. Properties of a foamed concrete with soil as filler. Construction and Building Materials, 2015, 76: 61-69.
[27] Ma C, Chen B. Experimental study on the preparation and properties of a novel foamed concrete based on magnesium phosphate cement. Construction and Building Materials, 2017, 137: 160-168.
[28] Kilincarslan Ş, Davraz M, Akça M. The effect of pumice as aggregate on the mechanical and thermal properties of foam concrete. Arabian Journal of Geosciences, 2018, 11(11): 289.
[29] Zhang Z H, Provis J L, Reid A, et al. Mechanical, thermal insulation, thermal resistance and acoustic absorption properties of geopolymer foam concrete. Cement and Concrete Composites, 2015, 62: 97-105.
[30] Gouny F, Fouchal F, Maillard P, et al. A geopolymer mortar for wood and earth structures. Construction and Building Materials, 2012, 32: 188-195.
[31] She W, Du Y, Zhao G T, et al. Influence of coarse fly ash on the performance of foam concrete and its application in high-speed railway roadbeds. Construction and Building Materials, 2018, 170: 153-166.
[32] Liu L Z, Miramini S, Hajimohammadi A. Characterising fundamental properties of foam concrete with a non-destructive technique. Nondestructive Testing and Evaluation, 2019, 34(1): 54-69.
[33] Yang K H, Lee K H, Song J K, et al. Properties and sustainability of alkali-activated slag foamed concrete. Journal of Cleaner Production, 2014, 68: 226-233.
[34] Makul N, Sua-Iam G. Characteristics and utilization of sugarcane filter cake waste in the production of lightweight foamed concrete. Journal of Cleaner Production, 2016, 126: 118-133.
[35]Jitchaiyaphum K, Sinsiri T, Jaturapitakkul C, et al. Cellular lightweight concrete containing high-calcium fly ash and natural zeolite. International Journal of Minerals, Metallurgy, and Materials, 2013, 20(5): 462-471.
[36] Siram K K B, Arjun R K. Concrete + Green = Foam concrete. International Journal of Civil Engineering and Technology, 2013, 4(4): 179-184.
[37] Moon A S, Varghese V. Sustainable construction with foam concrete as a green building material. International Journal of Modern Trends in Engineering and Research, 2014, 2(2): 13-16.
[38] Moon A S, Varghese V, Waghmare S S. Foam concrete as a green building material. International Journal of Research in Engineering and Technology, 2015, 2(9): 25-32.
[39] 于鑫. 低密度泡沫混凝土发泡剂的研究. 沈阳: 东北大学, 2015.
[40] She W, Jones M R, Zhang Y S, et al. Potential use of foamed mortar (FM) for thermal upgrading of Chinese traditional Hui-style residences. International Journal of Architectural Heritage, 2015, 9(7): 775-793.
[41] Zhang Z Q, Zhang H, Tan Y T, et al. Natural wind utilization in the vertical shaft of a super-long highway tunnel and its energy saving effect. Building and Environment, 2018, 145: 140-152.

[42] Wang J B, Huo Q, Song Z P, et al. Study on adaptability of primary support arch cover method for large-span embedded tunnels in the upper-soft lower-hard stratum. Advances in Mechanical Engineering, 2019, 11: 1-15.
[43] Lai J X, Wang X L, Qiu J L, et al. A state-of-the-art review of sustainable energy-based freeze proof technology for cold-region tunnels in China. Renewable and Sustainable Energy Reviews, 2018, 82(3): 3554-3569.
[44] Luo X L, Li D Y, Yang Y, et al. Spatiotemporal traffic flow prediction with KNN and LSTM. Journal of Advanced Transportation，2019, 2019:1-10.
[45] Lai J X, Qiu J L, Fan H B, et al. Fiber bragg grating sensors-based in-situ monitoring and safety assessment of loess tunnel. Journal of Sensors，2016, 2016:1.
[46] Yuan K K. High-strength and heat insulation foam concrete: Developing and applying in cold region tunnel. Journal of Glaciology and Geocryology, 2016, 38: 438-444.
[47] Sun C, Zhu Y, Guo J, et al. Effects of foaming agent type on the workability, drying shrinkage, frost resistance and pore distribution of foamed concrete. Construction and Building Materials, 2018, 186: 833-839.
[48] Ding K, Li S C, Zhou X Y, et al. Effect of filling for top defect of secondary lining of tunnel by foam concrete. Yangtze River, 2017, 48(18): 73-77.
[49] Li Y Y, Xu S S, Ma E L, et al. Displacement and stress characteristics of tunnel foundation in collapsible loess ground reinforced by jet grouting columns. Advances in Civil Engineering, 2018, 2018(8): 1-16.
[50] Wang Z C, Xie Y L, Liu H Q, et al. Analysis on deformation and structural safety of a novel concrete-filled steel tube support system in loess tunnel. European Journal of Environmental and Civil Engineering, 2018, 8(2): 13-17.
[51] Li P F, Wang F, Fang Q. Undrained analysis of ground reaction curves for deep tunnels in saturated ground considering the effect of ground reinforcement. Tunnelling and Underground Space Technology, 2018, 71: 579-590.
[52] Zhao W S, Chen W Z, Tan X J, et al. Study on foamed concrete used as seismic isolation material for tunnels in rock. Materials Research Innovations, 2013, 17(7): 465-472.
[53] 黄胜，陈卫忠，杨建平，等. 地下工程地震动力响应及抗震研究. 岩石力学与工程学报, 2009, 28(3): 483-490.
[54] Yuan B S. Application of corrosion resistant air-tight concrete in right line of No.2 Tiefengshan Tunnel. Highway, 2006, (7): 199-201.
[55] Wang H, Chen W Z, Tan X J, et al. Development of a new type of foam concrete and its application on stability analysis of large-span soft rock tunnel. Journal of Central South University, 2012, 19(11): 3305-3310.
[56] Wu G J, Chen W Z, Tian H M, et al. Numerical evaluation of a yielding tunnel lining support system used in limiting large deformation in squeezing rock. Environmental Earth Sciences, 2018, 77: 439.
[57] Ngo T, Hajimohammadi A, Sanjayan J, et al. Characterisation tests and design of foam concrete for prefabricated modular construction. Concrete in Australia, 2017, 43(3): 43-50.

[58] Jalal M D, Tanveer A, Jagdeesh K, et al. Foam concrete. International Journal of Civil Engineering Research, 2017, 8(1): 1-14.

[59]张军. 隧道洞口景观设计——以杭州西湖风景区五老峰隧道为例. 河北农业科学, 2009, 13(3): 87-89.

[60] Kontoe S, Zdravkovic L, Potts D M, et al. Case study on seismic tunnel response. Canadian Geotechnical Journal, 2008, 45(12): 1743-1764.

[61] 蔡坤华，俞涛. 石马隧道塌方处理方案及计算分析. 北方交通, 2011, (8): 61-65.

[62] Deng H G, Cheng C. Closure of abandoned mine lanes with foam concrete. World Mining Express, 1992, (34): 18-19.

[63] David A. Stabilisation of Combe Down stone mines, Somerset, UK. Proceedings of the Institution of Civil Engineers , 2012, 165(3) : 129-137.

[64] Tan X J, Chen W Z, Liu H Y, et al. A combined supporting system based on foamed concrete and U-shaped steel for underground coal mine roadways undergoing large deformations. Tunnelling and Underground Space Technology, 2017, 68: 196-210.

[65] Wen H, Fan S X, Zhang D, et al. Experimental study and application of a novel foamed concrete to yield airtight walls in coal mines. Advances in Materials Science and Engineering: 9620935. 2018.

[66] 张森馨. 天然气专用隧道中填充物的研究. 上海煤气, 2018, (3): 1-4.

[67] Dowding C H, Rozen A. Damage to rock tunnels from earthquake shaking. Journal of Geotechnical and Geoenvironmental Engineering, 1978, 104(2): 175-191.

[68] Tohda J, Yoshimura H, Li L M. Characteristic features of damage to the public sewerage systems in the Hanshin area. Soils and Foundations, 1996, 36: 335-347.

[69]Masaru K, Masakatsu M. Damage to water supply pipelines. Soils and Foundations, 1996, 36: 325-333.

[70] Reisi M, Dadvar S A, Sharif A. Microstructure and mixture proportioning of non-structural foamed concrete with silica fume. Magazine of Concrete Research, 2017, 69(23): 1218-1230.

第 2 章　泡沫混凝土性能综述

泡沫混凝土是一种水泥基浆体，含有水、水泥和泡沫[1-3]。泡沫混凝土一直被认为是多用途的自密实、自流平的胶凝材料[4]。描述这种材料的其他学术术语有轻质多孔混凝土[5]、低密度泡沫混凝土等[6-8]。在早期文献中，泡沫混凝土与类似材料之间存在混淆，即加气混凝土和引气混凝土[9]。然而，van Deijk[10]引入的一个定义（即泡沫混凝土被视为在混合塑性砂浆中至少含有 20%（体积分数）泡沫的胶凝材料）清楚地将泡沫混凝土与加气混凝土[11, 12]和引气混凝土[13]区分开来。

泡沫混凝土以其具有高流动性、低水泥含量、低骨料用量[14-16]和良好的隔热性能[17]而著称。此外，泡沫混凝土被认为是生产大型轻质建筑材料和构件（如结构构件、隔墙和路堤填料）的一种经济的解决方案，因为其易于从制造厂到最终应用位置的生产过程[15, 18-20]。实际上，泡沫混凝土在德国、英国、菲律宾、土耳其和泰国等不同国家的建筑中得到了广泛应用[21, 22]。

历史上，罗马人首先意识到，通过将动物血液添加到碎石和粗砂与热石灰和水的混合物中并搅拌，形成小气泡，可以使混合物更加实用和耐用[23, 24]。Richard 对多孔混凝土进行了初步的全面研究[14, 25]。大量研究人员[26-28]报道了泡沫混凝土具有优良的性能，如低密度，这有助于减小结构的静载，基础尺寸，劳动、运输和运行成本。此外，由于其结构表面和微观结构孔，提高了耐火性、导热性和吸声性能，可广泛应用于填充[29]、沟渠修复、挡土墙[21]和桥台回填、不良路基[30]、混凝土楼板结构[31]和房屋保温[32]等。随着生产设备和高效减水剂、发泡剂的不断改进，泡沫混凝土得到了更大规模的应用。目前，人们越来越关注将其作为地下工程的非结构或半结构构件，如隧道灌浆工程、损伤处理和衬砌结构等。

虽然人们对泡沫混凝土的宏观性能，如导热性、力学性能、吸水性等进行了大量研究，但对泡沫混凝土收缩和微观结构理论的研究还不够，这些有限的文献不足以全面了解泡沫混凝土的微观机理。

Ghorbani 等[33]用扫描电子显微镜（scanning electron microscope，SEM）研究了泡沫混凝土的微观结构。结果表明，用磁化水代替传统自来水可显著改善泡沫混凝土的微观结构。用磁化水生产的泡沫混凝土结构孔隙率较低，比用传统自来水生产的泡沫混凝土结构致密。在泡沫混凝土中加入磁化水，可以提高泡沫混凝土的稳定性、抗压强度和抗拉强度，降低泡沫混凝土的吸水率。

Reisi 等[34]研究了硅灰填充泡沫混凝土的微观结构。SEM 和 XRD 检测表明，硅灰与水化水泥中的游离氢氧化钙反应生成水合硅酸钙，其硬度和耐久性均高于氢氧化钙，可降低硅灰泡沫混凝土中硫酸盐侵蚀的风险。水化硅酸钙制备的泡沫混凝土具有较好的固相和孔分布，水泥颗粒紧密堆积，与无硅灰的泡沫混凝土相比，具有较高的抗压强度。

Chung 等[35]报道的 X 射线显微 CT 成像结果证实了孔的形状、尺寸和局部密度对泡沫混凝土的性能响应和损伤模式有显著的影响，对高性能泡沫混凝土的生产具有深远的指导意义。Šavija 和 Schlangen[36]采用相变材料理论，对泡沫混凝土早龄期温度裂缝进行了研究。此外，Zhang 和 Wang[37]证实，孔洞尺寸显著影响玻璃纤维增强泡沫混凝土的抗压强度，特别是在高孔隙率的情况下。由于泡沫含量和密度变化的作用，孔隙形状保持相对恒定，对泡沫混凝土的力学性能影响不大。

综上所述，将泡沫混凝土的微观结构与宏观性能联系起来以更好地提高其性能，这是一个值得深入研究的课题。结合工程实践，开发泡沫混凝土在高陡地形不同工况的应用技术，通过数值模拟的手段对不同工况下路堤沉降和稳定性进行研究，有助于深入了解泡沫混凝土的工程特性和应用方法。

2.1　组成材料及制备方法

2.1.1　胶凝材料

水泥是泡沫混凝土中最主要的胶凝材料。泡沫混凝土中使用的水泥类型包括普通硅酸盐水泥、快速硬化硅酸盐水泥、硫铝酸盐水泥和高铝酸盐水泥，可作为25%～100%的胶凝材料[16, 38-40]。但是，其他掺合料，如硅灰、粉煤灰、石灰、焚烧炉底灰和粉煤灰陶粒，也可以用于替代 10%～75%的水泥[27, 41-43]。掺合料可用于提高混合物设计的密实度和长期强度，降低成本[44]。每一种掺合料都有助于实现泡沫混凝土的不同性能。因此，应根据泡沫混凝土的性能要求，采用掺合料作为部分替代材料。

一些考虑替换部分水泥的试验集中在评估粉煤灰的使用效果，因为粉煤灰的火山灰效应有助于水化过程[45]。使用粉煤灰可使每立方米水泥用量减少 50%和水化温度降低 40%[46]，并且由于气泡尺寸的减小，早期抗压强度增加[47]，密度在1100～1500kg/m^3 变化[48]，28d 的压缩强度和弯曲强度较低[49]。微观结构分析表明，粉煤灰具有潜在的用途，特别是现场浇筑的构件。粉煤灰被用作硫铝酸盐和其他快凝胶凝材料的替代品，在过氧化氢、纤维素和分散剂的作用下，得到 100～300kg/m^3 的超低密度混凝土，孔径为 2～4mm，与硫铝酸盐混合物相比具有较低的导热性和较高的耐久性[49]。

另一部分研究的重点是评估用高炉渣取代水泥质量的 30%。这种废料的使用提高了泡沫混凝土的压缩和抗弯强度[50]，并且当使用的颗粒尺寸超细时，有助于避免开裂。

磷酸生产过程中产生的一种残渣，称为磷石膏，也与少量硅酸盐水泥一起用于生产多孔混凝土。研究表明，这种材料中只有一部分作为胶凝材料，能够促进硅酸钙和钙矾石生成，从而提高抗压强度[51]。

另外，大量的试验报道都与使用矿物混合物作为替代黏合剂或作为硅酸盐水泥的替代物有关。高炉矿渣+粉煤灰+微硅粉的混合物（分别占水泥质量的 23%、15%和 12%）使多孔混凝土的抗压强度达到 1.1～23.7MPa。此外，添加高效减水剂可使抗压强度达到 44.1MPa，且具有好的和易性，因此适合现场浇筑[52]。粉煤灰+微硅粉的简单混合物改善了浆体-骨料的连接，提高了密度为 1300～1900kg/m^3 泡沫混凝土的和易性和抗压强度[53]，并增强了隔热性[54]。同时，使用石灰+微硅粉混合料的研究表明，微硅粉对土工多孔混凝土的物理性能有很大的影响。硅粉的加入改善了孔隙的宽度和均匀性，从而提高了隔热性能和强度。添加高达 20%的硅粉可将密度降低至 800kg/m^3，抗压强度为 7.5MPa。最后，对粉煤灰（80%）+高炉矿渣（20%）（以过氧化氢作发泡剂）的混合物进行了评价，实现了密度为 1270kg/m^3 多孔混凝土的生产[55]。一种新的趋势是制造不使用波特兰水泥而使用地质聚合物的多孔混凝土。这项技术结合了多孔混凝土的优点，并有机会使用更可持续的材料，如地质聚合物，减少碳排放。据报道，使用 C 型粉煤灰与碱性活化剂（通常为 NaOH）的混合物，在 60℃养护 28d 的抗压强度可达到 18MPa，从而减少表面裂缝、吸水性和孔隙率[56]。其他研究也报道了这种泡沫混凝土中孔隙的形状、大小和分布的差异。体积收缩率为 0.10%～0.36%（比传统混凝土高 5～10 倍），这是它们的主要缺点。多孔混凝土也使用沸石作为胶凝材料制造[57]。

2.1.2　发泡剂

发泡剂通过控制在水泥浆混合物中产生气泡的速率来控制混凝土密度。泡沫是指由于添加发泡剂而形成的封闭孔隙。发泡剂通常包括合成发泡剂、蛋白质基发泡剂、洗涤剂、胶树脂、水解蛋白质、树脂皂和皂苷[40, 58, 59]。最常用的发泡剂是合成发泡剂和蛋白质基发泡剂。蛋白质基发泡剂可形成更强、更封闭的孔隙结构，允许包含更多的空气，并提供更稳定的孔隙网络，而合成发泡剂产生更大的膨胀，从而降低密度[20, 23, 60]。发泡剂的含量对新老混凝土的性能都有相当大的影响[23, 24]。据研究，泡沫体积过大会导致流动性下降[10]。然而，流动性受到混合时间的显著影响。据报道，混合时间越长，夹带的空气就越多，尽管过长时间的混合可能会因为空气含量降低而引起夹带空气的损失[23-25]。此外，减水化学外加剂可能会导致泡沫不稳定，因此通常不使用。发泡剂的稳定性应根据 ASTMC 869-91 测试过程进行确认。在大多数泡沫混凝土的应用中，孔隙率为最终混合物总体积的 6%～35%。ACI 523.3R-93 介绍的泡沫是通过将发泡剂、水和压缩空气（由空气压缩机产生）按预先计算的比例混合在泡沫发生器中（根据排放率进行校准）而产生的[61]。另一种泡沫的产生方式是由 Taylor、Valore 和 Nehdi 等提出的[62-64]。在他们的方法中，发泡剂的稀释率、成型过程、压缩空气压力、密度以及与砂浆的添加和混合过程都会影响泡沫质量。泡沫的质量非常重要，因为它代表了泡沫混凝土的稳定性，并且还影响所得泡沫混凝土的强度和刚度[10]。泡沫混凝土的抗压强度主要受泡沫含量的影响，而不是取决于水灰比[65]。特别是泡沫混凝土的抗压强度受发泡剂类型的影响很大，例如，蛋白质基发泡剂比合成发泡剂影响更大[24]。但是，Wee 等[42]通过试验和数值研究认为泡沫混凝土中的气泡对压缩强度的影响大于对弹性模量的影响。通常，泡沫在生产后应立即以黏性状态添加，以保证泡沫的稳定性。通过将稳定泡沫的氟化表面活性剂添加到泡沫混凝土中，可以进一步获得稳定性[66]。

2.1.3 水和减水剂

泡沫混凝土的需水量取决于组成成分和外加剂的使用。含水率也由所需混合物的均匀性、稠度和稳定性决定[28, 67]。Kunhanandan Nambiar 等[1, 10]发现，低含水率导致混合物太硬，气泡在混合过程中破裂，导致密度增加。同样，在高含水率下，泥浆太薄，无法容纳气泡，从而导致泡沫从混合物中分离，从而提高最终密度[10]。一般来说，建议水灰比范围为 0.4～1.25 或目标密度的 6.5%～14%[68, 69]。此外，泡沫混凝土生产中使用的水的质量也很重要。ACI 523.3R-93 建议，泡沫混凝土配合比设计用水应清洁、新鲜且绝对可饮用。有机元素会对蛋白质基发泡剂的使用质量产生负面影响，从而影响英国水泥协会（British Cement Association）规定的泡沫混凝土混合物的形成[70]。

此外，Valore[63]报道，每当水灰比增加时，砂的比例也应增加。他还指出，应通过稠度而不是预先确定的水灰比[14, 64]来观察混合物中加入适量水的情况。此外，水量必须适当，以确保预混合浆或砂浆的和易性可用于新拌泡沫混凝土设计配合比。否则，水泥会吸收泡沫中的水，导致泡沫迅速退化[69, 70]。根据英国水泥协会的建议，水灰比应限制在 0.5～0.6[70]。

减水剂大量用于改善和易性和稳定泡沫混凝土的相容性[20, 71, 72]。减水剂通过降低新拌混凝土的流动性和塑性来提高其性能；然而，对混凝土的离析没有显著影响[73, 74]。泡沫混凝土生产中最受欢迎的减水剂之一是氟表面活性剂（FS1）。FS1 通常用于减少混合水量，还可以略微提高所生产的泡沫混凝土的强度。减水剂的含量为发泡剂体积的 0.45%～5%[75]。

2.1.4　纤维

纤维和增强材料可用于提高泡沫混凝土的强度，它们可以是天然的或合成的。利用的纤维有耐碱玻璃纤维、红麻纤维、钢纤维、棕榈纤维和聚丙烯纤维。纤维的使用可以改变多孔混凝土的典型行为，因为它引入了延性弹-塑性区。纤维增强材料的体积分数在混合物的 25%～40%变化[76]。纤维增强的负面影响是使孔隙率下降。用玻璃纤维增强已经证明是有效的，部分原因是纤维传递强度的能力并未阻止多孔结构的逐渐破坏[77]。其他研究表明，聚丙烯纤维增强泡沫混凝土的力学性能有所提高[78]。使用这些纤维能够生产密度为 650kg/m^3 的多孔混凝土，抗压强度为 2.7MPa，76.4%的孔隙大小为 0.2～1.0mm[57]。其他用于增强多孔混凝土的纤维是由聚烯烃制成的宏观纤维和微纤维。结构纤维（宏观）产生塑性变形，阻止裂缝的扩展，而微纤维则在微观裂缝中起作用。混合纤维增强材料的试验效果优于单种纤维材料，但强度的增加与纤维增强材料的增加不成正比：抗压强度增加 66.8%，韧性增加 46.7%[78]。聚乙烯醇纤维也被报道用于超轻泡沫混凝土加固，以避免脆性破坏并提高抗拉强度[79]。乳胶微球增强了材料的性能，起到了吸收能量的作用[80]。

2.1.5　泡沫混凝土配合比

泡沫混凝土的配合比一直是技术挑战和研究热点之一。尽管配合比的确定可以使用一些基于试验和基于误差的方法，但迄今为止还没有明确的方法来确定配合比。Tan 等[8]提出了确定配合比的公式：

$$\rho_{\mathrm{d}} = S_{\mathrm{a}} M_{\mathrm{c}} \tag{2.1}$$

$$V_2 = K(1 - V_1) = K\left[1 - \left(\frac{M_{\mathrm{c}}}{\rho_{\mathrm{c}}} + \frac{M_{\mathrm{w}}}{\rho_{\mathrm{w}}}\right)\right] \tag{2.2}$$

$$M_{\mathrm{y}} = V_2 \rho_{\mathrm{f}} \tag{2.3}$$

$$M_{\mathrm{p}} = \frac{M_{\mathrm{y}}}{\alpha + 1} \tag{2.4}$$

式中，ρ_{d} 为设计泡沫混凝土的干密度（kg/m^3）；S_{a} 为经验系数；M_{c} 为水泥质量（kg）；V_1 和 V_2 分别为水泥浆体积和泡沫体积（m^3）；ρ_{c} 和 ρ_{w} 分别为水泥和水的密度

（kg/m^3）；M_c和M_w分别为水泥和水的质量（kg）；K为富余系数，通常大于1，视泡沫剂质量和制泡时间而定，主要应考虑泡沫加入浆体中再混合时的损失，对于稳定性较好的发泡剂，一般情况下富余系数取1.1～1.3；M_y和ρ_f分别为泡沫的质量和密度；M_p为发泡剂的质量；α为泡沫剂稀释倍数。

实际上，世界各地的水、水泥、石灰等集料都有其独特的特点，纤维制备的技术水平差异也很大，泡沫混凝土的性能也会受到地区环境的影响。因此，有必要在不同的区域试验中优化配合比，避免直接使用现有的配合比方案。这一挑战可能是制约泡沫混凝土在隧道工程中全球应用的重要因素之一。

开发廉价的发泡剂也是促进泡沫混凝土实用化和推广应用的迫切任务。以泡沫混凝土为结构材料，应研究发泡剂与各种外加剂的相容性。同时，为了减少混凝土的需水量和收缩，需要对化学外加剂的相容性进行深入研究。在泡沫混凝土生产中遇到的困难，如混合、运输和泵送也是需要解决的问题，而它们对泡沫混凝土的新拌性能和硬化后性能表现出显著的影响。

实际上，在泡沫混凝土中，没有特定的配合比来获得目标性能。然而，在设计合适的配合比时，进行了反复试验，如净含水量、泡沫含量、黏结剂含量等。这些方法被认为是得到目标强度必不可少的技术手段[59, 81]。一般来说，配合比的设计是通过测量几个因素来获得和控制目标密度，例如，调整水灰比，或者添加相同体积的粉煤灰或硅灰来部分替换水泥[82-85]。此外，Kearsley 等[28]提出了基于水泥和泡沫含量的配合比计算公式。目标密度可通过求解下列方程获得：

$$\rho_m = x + x\left(\frac{w}{c}\right) + x\left(\frac{a}{c}\right) + x\left(\frac{s}{c}\right) + x\left(\frac{a}{c}\right)\left(\frac{w}{c}\right) + x\left(\frac{s}{c}\right)\left(\frac{w}{c}\right) + \mathrm{RD_f} \times V_f \tag{2.5}$$

$$\frac{x}{\mathrm{RD_c}} + x\left(\frac{w}{x}\right) + x\left(\frac{\frac{a}{c}}{\mathrm{RD_a}}\right) + x\left(\frac{\frac{s}{c}}{\mathrm{RD_s}}\right) + x\left(\frac{a}{c}\right)\left(\frac{w}{a}\right) + x\left(\frac{s}{c}\right)\left(\frac{w}{s}\right) + V_f = 1000 \tag{2.6}$$

式中，ρ_m为目标生产密度，kg/m^3；s/c为砂水泥质量比；x为水泥含量，kg/m^3；w/a为水灰比；w/c为水水泥比；w/s为水砂比；a/c为灰水泥比；V_f为泡沫体积；$\mathrm{RD_f}$为泡沫相对密度；$\mathrm{RD_a}$为灰相对密度；$\mathrm{RD_c}$为水泥相对密度；$\mathrm{RD_s}$为砂相对密度。

2.1.6　泡沫混凝土制备方法

泡沫混凝土有两种常见的制备方法，即预发泡法和混合发泡法[32]。大多数常见的搅拌机类型，如用于混凝土或砂浆的倾斜滚筒搅拌机或锅式搅拌机均适用于泡沫混凝土的生产。用于泡沫混凝土的搅拌机类型、混合比例和混合顺序取决于采用上述哪种方法[86]。采用上述两种方法的主要步骤如下。

预发泡法：①水性泡沫和基础混合物单独制备；②完全混合泡沫和基础混合物。

混合发泡法：①表面活性剂或发泡剂与基础混合物（特别是水泥浆）混合；②泡沫在泡沫混凝土中产生孔隙结构。

产生气泡有干法和湿法两种方式。与湿法相比，干法产生的气泡尺寸小于 1mm，且最终气泡尺寸为 2～5mm，更稳定。直到水泥凝固，产生的稳定气泡能抵抗砂浆压力，这有助于在混凝土孔隙中产生可靠的骨架[87]。尽管这两种方法都可以控制混合过程和泡沫混凝土质量[88]，但预发泡法由于对发泡剂的要求较低[89]且发泡剂含量与混合物中空气含量密切相关，被认为优于混合发泡法。

2.2　泡沫混凝土的物理性能

泡沫混凝土的一些物理性能包括密度、干缩、孔隙率和吸水性（毛细作用）。每个性能都已经过讨论，并由研究人员开发的预测模型模拟来验证试验结果。

2.2.1　密度

混合物的密度可以分为两个阶段来测量：新拌状态下的密度（湿密度）和硬化后的密度（干密度）。湿密度和干密度之间的差异应限制在 100～120kg/m^3[90]。实际混合物湿密度通常是用生产的泡沫混凝土填充和称重已知体积及重量的标准容器来测量的。然后，应评估设计密度和实际密度之间的差距。对于干密度，一般可接受的公差限制为±50kg/m^3，对于高密度（1600kg/m^3）泡沫混凝土混合物，最高可达到±100kg/m^3 的差值[59]。方法见《BS EN 12350：第 6 部分：2000》[83]。确定湿密度的目的是为设计配合比和控制浇筑准备实际体积，而干密度严格控制硬化泡沫混凝土的力学性能、物理性能和耐久性性能[91-93]。

迄今为止，已有文献报道了发泡剂体积、胶凝材料等混合组分对密度的影响。例如，据报道，湿密度通常随着泡沫体积含量的增加而降低[59]。另外，据报道，在给定的发泡剂体积分数（10%）下，添加粉煤灰可以提高泡沫混凝土的干密度，但是，发泡剂体积分数可以控制由掺入粉煤灰而引起的密度变化[10]。一般来说，当湿密度仅为普通混凝土的65%时，轻质泡沫混凝土可获得高达50MPa的强度（表面活性剂溶液是密度为 20～90kg/m^3 的发泡剂）[59]。

细骨料类型和骨料级配对密度也有影响。McCormick[94]报道，随着骨料比例的增加，密度会更高。表 2-1 示出了由研究者提供的理论方程，它们不能充分代表确切的期望密度，因为没有考虑影响体积的一些因素，如在混合时泡沫的膨胀和某些体积的损失。

表 2-1　确定泡沫混凝土密度的经验模型

公式	注解	参考文献
$D=1.2W_c+A$	W_c为单位体积泡沫混凝土内水泥质量 A为单位体积泡沫混凝土内骨料质量	[94]
$D=(M_c-M_m)/V_m$	D为泡沫混凝土密度（kg/m^3） M_c为泡沫混凝土中支撑结构的质量 M_m为泡沫混凝土中孔隙质量（根据气流计结果计算） V_m为泡沫混凝土体积	[75]
$D=(W_c+0.2W_c)/V_{batch}$	W_c为水泥质量 V_{batch}为一批泡沫混凝土总体积	[82]
$D=0.868\gamma_{cast}-55.07$	浇筑密度γ_{cast}为700～1500 kg/m^3 适用于粉煤灰水泥质量比$F/C=0$~4	[86]
$D=c+W+f$	D为泡沫混凝土密度（kg/m^3） c为单位体积泡沫混凝土内胶凝材料质量 W为单位体积泡沫混凝土内水的质量 f为单位体积泡沫混凝土内砂质量	[83]和[91]
$c=\mathrm{PC}+\mathrm{FA}_{fine}$ $W=(w/c)\times(\mathrm{PC}+\mathrm{FA}_{fine})$	PC 为普通水泥质量 FA_{fine}为粉煤灰等其他胶凝材料质量 w/c为水灰比	

2.2.2　干缩

干燥收缩（干缩）被认为是泡沫混凝土的一个缺点，通常发生在浇筑后的前20天。泡沫混凝土的典型收缩范围为硬化混凝土基体总体积的0.1%～0.35%[86]。此外，由于配合比设计中骨料为细骨料，水泥和水含量较高且存在矿物掺合料，泡沫混凝土的干缩比普通混凝土高4～10倍。

实际上，关于水泥含量对泡沫混凝土干缩的影响尚缺乏了解，但一些研究人员报道，水泥含量对泡沫混凝土的干缩具有负面影响，可以通过使用其他胶凝材料如粉煤灰、硅粉和石灰代替部分波特兰水泥来解决，因为它们降低了水化热。还据报道，由于骨料和水分含量增加的抑制作用，干燥收缩率降低[21, 95]。在较高水分含量的范围内，水分的损失将来自相对较大的孔，而不会引起明显的收缩。Jones[96]报道，比较用砂和粉煤灰作为填料的泡沫混凝土的干燥收缩率，含砂的泡沫混凝土的收缩抑制能力更高，其中使用粉煤灰颗粒的泡沫混凝土显示出较高的干燥收缩率。另外，已建议采用粉煤灰的轻质骨料作为减少干缩的有效方法[21, 95]。此外，由于孔尺寸的增加，泡沫体积的增加减小了收缩率。当泡沫体积增加到总体积的 50%时，干燥收缩率降低达 36%[93]。

一般来说，建议尽量减少水胶比，并通过用轻骨料修改混合物或选择适当体积的合适发泡剂类型来保持干燥收缩率[92, 93, 97]。表 2-2 表明现有研究的经验公式适用于根据配合比设计成分从理论上确定干燥收缩率。

表 2-2　确定泡沫混凝土收缩率的经验模型

公式	注解	参考文献
$S_{fc}=0.981\times 4s_c(\mathrm{PR})^{0.693}$	S_{fc} 为泡沫混凝土的收缩率 PR = 0.974 s_c 为收缩率最大基准值，用于水泥-砂拌合泡沫混凝土	[97]
$S_{fc}=0.999\times 3s_c(\mathrm{PR})^{0.7721}$	PR = 0.966，用于水泥-粉煤灰-砂	
$S_{sf}=\dfrac{V_p}{0.023-9.657V_p}$	孔半径：20×10^{-10}~550×10^{-10}m S_{sf} 为干燥收缩率（%） V_p 为单位质量混凝土微孔体积（cm^3/g）	[95]
$S_{sf}=\dfrac{V_p+2.787}{1.9}$	孔半径：55×10^{-10}～200×10^{-10}m	

2.2.3　孔隙率

泡沫混凝土的孔隙率是一个需要考虑的重要特性，因为它会影响其他性能，如抗压强度和抗弯强度以及耐久性。Kearsley 等[28]研究了泡沫混凝土和水泥浆体中的水蒸气渗透性和孔隙率之间的关系。然而，研究表明，混凝土基体的渗透性和流体流动程度更多取决于较大毛细孔隙，而不是总孔隙率[98]。据报道，水进入混凝土并不是孔隙的简单函数，而是受孔径、分布、连续性和曲折性影响[52]。泡沫混凝土的孔隙率是通过表观法、总真空饱和度和压汞法测量的。然而，测量泡沫混凝土孔隙率最重要的方法是总真空饱和法，因为结果的准确度分别比表观法和压汞法高 66%和 13%[99, 100]。

泡沫混凝土的高孔隙率易于腐蚀性流体在硬化的泡沫混凝土基体中的传输。孔隙率决定了泡沫混凝土的吸水性、吸附性和渗透性[84]。影响硬化混凝土孔隙率的因素很多，如配合比设计、发泡剂类型、养护方式等。高水灰比显著影响泡沫混凝土，并导致孔隙率升高[10]。以往的研究表明，当 w/c 从 0.3 增加到 0.9 时，硅酸盐水泥浆体的渗透性和孔径分布都会增加，可观察到大量较大直径的孔[101, 102]。

矿物掺合料可以降低泡沫混凝土的孔隙率和孔径分布。近来，在充分硬化的水泥浆体中使用磨细高炉矿渣（ground granulated blast furnace slag，GGBFS）或粉煤灰（pulverized fuel ash，PFA）的二元混合物，以形成堵塞的孔隙结构，从而减小孔隙直径，降低混凝土结构的渗透性[102]。此外，精细的材料有助于有规律地分布泡沫[93, 97]。例如，使用石灰粉具有比粉煤灰更高的孔隙率，因为其细颗粒可以改善硬化泡沫混凝土微观结构的紧密组成[103]。此外，一些添加剂（如硅灰）的火山灰/填充效应可增强水泥浆/骨料黏结，从而降低泡沫混凝土的孔隙率[100, 104]。

影响泡沫混凝土孔隙率的另一个因素是发泡剂的用量。大多数研究者报道，发泡剂的体积越大对孔隙率的影响越大，因为泡沫结构与孔隙的形状、大小、孔隙间距、粒径分布和微孔体积密切相关。过量的发泡剂会使泡沫膨胀，从而降低泡沫强度[10, 16, 93, 100, 105]。此外，养护温度对粉煤灰掺量较大的混合物的强度增益有显著影响。养护温度的升高导致粉煤灰在提高强度和降低孔隙率方面的作用时间缩短[106]。表 2-3 回顾了用于计算饱和孔隙率的经验公式。

表 2-3　确定泡沫混凝土饱和孔隙率的经验公式

公式	注解	参考文献
$p=\dfrac{W_{sat}+W_{dry}}{W_{sat}+W_{wat}}\times 100$	p 为饱和孔隙率 W_{sat} 为饱和样品在空气中的质量 W_{wat} 为饱和样品在水中的质量 W_{dry} 为自然干燥样品的质量	[107]
$p=18.700D^{0.85}$	D 为干密度（kg/m^3） W_{sat} 为饱和样品的质量	[96]
$p=\dfrac{W_{sat}-W_{dry}}{W_{sat}-W_{oven}}\times 100$	W_{dry} 为自然干燥样品的质量 W_{oven} 为烘干样品的质量	[100]
$p=2.4-1.52p_{\varepsilon}^{0.21}$	p_{ε} 为通过压汞法测得的孔隙率	[108]
$p=p_{p}\times V_{p}+p_{A}\times(1-V_{p})$	p_{P} 为水泥浆体的孔隙率； p_{A} 为骨料的孔隙率； V_{p} 为水泥浆体的体积	[109]

2.2.4　吸水性

吸水性定义为介质通过毛细作用吸收液体能力的量度。吸水性影响泡沫混凝土的耐久性，主要取决于发泡剂、矿物掺合料类型、密度以及渗透特性和养护条件[52]。上述参数从气泡（孔隙）尺寸、曲折性、分布均匀性和连续性等方面影响水的传输趋势。可根据非饱和流理论和合理均质混凝土（如泡沫混凝土）中毛细吸收率的测量来确定吸水性[110-112]。表 2-4 显示了用于测定吸水性的公式。根据

ACI 213R 对轻质材料的规定，泡沫混凝土的合理吸水范围由 4%～8%的空气含量控制。

一些研究人员已经对泡沫混凝土的吸附特性进行了研究。例如，进入泡沫混凝土的水运动不是孔隙率的简单函数，而是取决于孔隙分布、直径、连续性和弯曲度，因此泡沫混凝土的行为由于更大的孔隙体积而更加复杂[52]。孔隙的扩大，将危及泡沫混凝土的完整性和使用寿命[52, 113]。如前所述，泡沫混凝土中的孔隙系统受到矿物掺合料、水胶比等不同因素的影响。据报道，与部分替代水泥（如粉煤灰）的掺合料相比，不掺矿物掺合料的泡沫混凝土具有更高的吸水率[52, 114]。例如，用水泥-砂-粉煤灰掺合料（86～691kg/m^3）代替水泥-砂掺合料，提高了泡沫混凝土的吸水率和吸水性，因为泡沫混凝土对水-固含量的要求更高，以获得稳定且和易性良好的混合料[52]。此外，吸附性随着泡沫体积的增大而降低，因为吸附性由毛细吸力决定，而夹带的空气对传输过程没有贡献，因此弯曲度通常由于泡沫体积的减小而降低[10]。表 2-4 列出了测定泡沫混凝土吸水率的经验公式。

表 2-4　测定泡沫混凝土吸水率的经验公式

公式	注解	参考文献
$S = I / t^2$ $I = \frac{\Delta_w}{A \times D_w}$	S 为吸水率（mm） Δ_w 为质量变化（W_2-W_1） t 为经过时间 W_1 为圆柱烘干质量（g） W_2 为 30min 后圆柱的质量（g） A 为表面积（mm^2）; D_w 为水的密度（kg/m^3）	[115]和[116]

2.3　新拌泡沫混凝土的特性

2.3.1　黏聚性和流动性

黏聚性和流动性是新拌泡沫混凝土的首要评估指标；通常通过 Marsh 筒和流动扩散试验来测量，以研究混合物的性能[38]。当新拌混凝土的延展性控制在流动时间的 40%～60%时，泡沫混凝土的黏聚性和流动性是可以接受的。流动时间应在 20s 内，以便将足够的混合物放入模具中，并在没有任何外部辅助的情况下变得自密实[28]。据研究，不同的因素影响掺合料的黏聚性和流变性，这些基本上与配合比设计成分有关。影响新拌泡沫混凝土流动性和黏聚性的一个重要因素是配合比设计中的含水率。建议将水灰比降至最低，因为过量的水会导致泡沫混凝土在浇筑过程中出现离析，从而影响工作性能[117]。为此，应准确计算混合物的组分，以提高泡沫混凝土的黏聚性和流动性，实现自密实特性，提高泡沫剂与黏结剂之间的黏结力和附着力[67]。另一个重要因素是掺合料中粗骨料的密度。例如，轻质粗集料的添加会对混合料的黏聚性产生不利影响。为了解决这个问题，建议将粉煤灰添加到混合物中[28]，但是最大尺寸为 4mm 的粗骨料的含量应限制为骨料总体积的 25%，因为过多的粗骨料将降低孔隙含量[91, 118, 119]。另外，水灰比的增加和泡沫含量的减少会成比例地增加塑性和密度，并降低泡沫混凝土的黏聚性和流动性[10]。由于增加了空气含量，加入泡沫含量会降低泡沫混凝土的黏聚性，而加入高效减水剂则会增加流动性[120]。

2.3.2 稳定性

稳定状态是泡沫混凝土配合比设计组分的黏结行为，与黏聚性和黏结性作为一个系统[83]。当混合物具有乳脂状、易浇注且流动性紧密的黏聚性时，泡沫混凝土被归类为均质泡沫混凝土，这会导致新拌混凝土没有离析和泌浆[117]。据报道，采用正确的配合比设计方法和正确的计算过程制备混凝土，达到的塑性密度与理想塑性密度之差不超过 2%～7%[97, 121]，此外，和易性值达到扩展的 45%时，确认所生产的泡沫混凝土混合物具有良好的稳定性[28]。到目前为止，研究人员提出了不同的方法来测量混合物的稳定性。例如，Kunhanandan Nambiar 等[1]通过测量标准容器中新拌泡沫混凝土的密度，评估泡沫混凝土的稳定性，并将其与目标密度比进行比较。研究泡沫混凝土拌合物稳定性的另一种方法是检查实际水灰比与计算水灰比之间的差异，两者应接近 2%[82]。

不同的因素可能影响混合物的稳定性，如掺加矿物掺合料。例如，在混合物中使用磨细高炉矿渣会降低其稳定性，并导致混合物离析和泌水，因为与相同压力下的水泥浆相比，磨细高炉矿渣浆体的填充密度更低[97]。此外，高效减水剂可以将水灰比降低到 0.3 以下，并将稳定性提高 43%[122]。研究还表明，当添加过量的发泡剂时，稳定性降低[123]。此外，据报道，由蛋白质基表面活性剂形成的混合物易于离析，这可能是由于表面活性剂类型的外加剂与高效减水剂不相容[124]。简而言之，建议充分增加水灰比和减水剂，以避免离析或泌水。

2.3.3 相容性

泡沫混凝土的相容性是指混凝土的混合物组分之间，特别是化学外加剂与发泡剂之间的强相互作用。因此，如果混合物成分之间没有协同作用，泡沫砂浆的相容性就会降低。因此，由于设计外加剂的不相容性，当表面活性剂和减水剂之间没有相互作用时，通常会出现离析问题。发泡剂和化学外加剂之间的相容性可参考标准 BS EN 934-2。一般情况下，建议减水剂的用量不超过水泥质量的 0.2%[73, 125, 126]。另外，由于表面活性剂与高效减水剂不相容，由蛋白质基表面活性剂制成的泡沫混凝土混合物容易离析[127, 128]。泡沫混凝土的不相容性已成为邓迪大学现场工作者普遍关注的问题。他们认为，这一问题可能是由于对泡沫混凝土混合物中添加的减水剂缺乏了解。混凝土的相容性程度可以通过将拟用立方体在压实前的全高除以记录的全高减去压实后收缩导致的高度降低（如养护龄期为 3 天）来测量。

2.3.4　和易性

由于添加了稳泡剂，在新拌混合料中存在孔隙，泡沫混凝土显示出优异的和易性[67]。和易性通常由普通混凝土的坍落度试验进行测量，不适用于低密度新拌混凝土，BS EN 12350-6 部分规定[83]。对泡沫混凝土的和易性进行目测评价，目的是获得合适的混合物黏度。此外，Narayanan [129]通过测量泡沫混凝土的坍落度来反映其和易性。对于低强度材料（如泡沫混凝土），试验方法为：在直径为 75mm、长度为 150mm 的开口圆筒中灌入混合料，垂直提升圆筒，混合料发生坍落，测量坍落后两个垂直方向的扩散直径。计算两个测量直径的平均值，即为坍落度[129]。

Dhir 等[130]建议，为使泡沫混凝土具有可接受的和易性，当水泥/砂混合基础混合物的坍落度应在 85～125mm，并且包括粉煤灰时，基础混合物的坍落度应为 115～140mm[129]。迄今为止，确定所需混合物的最低和易性的研究工作较少。例如，添加磨细高炉矿渣的泡沫混凝土和易性很高，但也观察到了离析现象。除非减水剂的用量限制在水泥质量的 0.2%以下，否则不应在泡沫混凝土中普遍使用减水剂，以改善低水灰比情况下的和易性[98]。

2.4　泡沫混凝土的力学性能

力学性能是衡量泡沫混凝土在硬化状态下应用性最重要的因素。本节综述泡沫混凝土的抗压强度、抗弯强度、抗拉强度和弹性模量，为读者介绍泡沫混凝土的发展现状。

2.4.1　抗压强度

通过试验观察到抗压强度与密度有直接关系，密度的下降导致抗压强度呈指数下降，并对抗压强度产生不利影响。可见，以往研究中的干密度为 280～1800kg/m^3，可观察到抗压强度的显著变化。一般而言，抗压强度取决于不同的参数，如发泡剂的用量、水灰比、砂粒级配、养护方法、水泥砂比、附加成分的特性及其分布[14, 58, 64]。

混合物抗压强度的主要控制因素之一是发泡剂的体积和密度，硬化后的泡沫混凝土中的孔隙数量随发泡剂体积和密度的变化而变化[92, 93]。例如，当泡沫混凝土的塑性密度为 1800kg/m^3 和 280kg/m^3 时，龄期为 28d 的相关抗压强度分别为 43MPa 和 0.6MPa[9, 16]。过量添加发泡剂会降低抗压强度，发泡剂的体积太大，通常会产生孔隙，导致密度越低[1, 10]。

水灰比是影响泡沫混凝土抗压强度的另一个控制因素。适当的含水率可提高混合物的稠度和稳定性，并减少大尺寸的泡沫，以此增大抗压强度[40, 131]。采用 0.19 和 0.17 的水灰比或胶凝比可生产高强泡沫混凝土[131, 132]。

不仅水灰比影响混凝土的抗压强度，砂的掺量对泡沫混凝土的强度也有影响。在欧洲，泡沫混凝土一般是用 1∶1～4∶1 的砂/胶凝材料制成的。McCormick[94] 报道，当使用 1.0～2.0 的砂水泥比时，砂含量对抗压强度的影响微不足道。

此外，过多的粗砂会对硬化混凝土的强度产生不利影响，因为粗砂的加入会影响浆体中的孔径，最终泡沫混凝土的强度会下降[1, 10, 94]。此外，细砂的使用和混凝土基质中的孔隙规则分布增加了混凝土的强度[10]。类似地，包含细再生玻璃骨料、膨胀页岩骨料、石灰、黏土和采石场粉尘骨料可相应地增强强度[10, 23, 44, 64, 133]。

此外，硅灰和粉煤灰等水泥替代品也会随着时间的推移改变混合料的抗压强度。据报道，使用粉煤灰可在泡沫混凝土中进行高达 65%的体积置换，而强度却没有降低[38, 90]。对于硅灰，含量较低，但从长远来看，由于其火山灰特性，强度增加。据报道，硅粉和粉煤灰二元混合物的应用使抗压强度提高了 25%[59]。

养护方法是影响泡沫混凝土抗压强度的另一个关键因素。根据 ASTM C 796，用于进行压缩试验的轻质多孔混凝土样品应在进行试验前至少 3d 在 100%相对湿度（RH）的室内养护。将样品从养护室取出并在 60℃下烘干 72h。Fujiwara 等[134] 报道，为了获得所需的抗压强度，样品应在潮湿空气中养护 1d，然后在蒸汽中养护，温度应每小时升高 20℃，保持在 65℃，养护 4h，然后在空气中冷却。Kearsley 等[67]指出，当用 50%粉煤灰代替水泥时，养护温度为 40℃可能是提高泡沫混凝土极限强度的理想条件。

纤维的添加也可以通过阻碍微裂缝扩展和提高能量吸收率来提高泡沫混凝土的抗压强度[135]。ACI 建议使用玻璃纤维、合成纤维（聚酰胺纤维、聚丙烯纤维和聚乙烯醇纤维）[136]。碳纤维也可用于泡沫混凝土，但由于其低成本效益，不推荐使用。钢纤维也不适合用于泡沫混凝土，因为其重量会导致它们沉降到混凝土混合物的底部。一般情况下，合适的纤维体积分数可达 3%。然而，当纤维体积分数为 0.1%～1%时，抑制收缩开裂的效果变得更为显著[137]。纤维必须具有高弹性模量和足够的尺寸、长度和数量，以形成所需的混凝土抗压强度和韧性。表 2-5 显示了一些经验公式，这些公式显示了抗压强度与包括的其他参数之间的显著关系。

表 2-5　泡沫混凝土抗压强度 f_c 测定的经验公式

公式	注解	参考文献
$f_c = K\left[\frac{1}{\left(1+\frac{w}{c}\right)+\left(\frac{a}{c}\right)}\right]^n$	K 为经验常数 n 为强度与凝胶空间比	[27]
$f_c = K_S \ln\left(\frac{p_{cr}}{p}\right)$	p_{cr} 为对应于零强度的临界孔隙率 K_S 为常数	[138]
$f_c = Kg^n$	K 为凝胶的固有强度 g 为凝胶空间比	[85]和[121]
$f_c = p_o(1-p)^n$	p_o 为孔隙率为零时的强度 n 为常数（Balshin 的表达式）	[121]
$f_c = 1.27 f_{c7} + 2.57$	f_{c7} 为 7d 抗压强度	[83]

2.4.2　抗拉强度和抗弯强度

ACI 523 委员会建议采用 ASTM C496-96[138]所述方法中的劈裂抗拉强度表达式。泡沫混凝土的抗拉强度低于普通混凝土。一般来说，泡沫混凝土的抗拉强度与抗压强度之比为 0.2～0.4，这比普通混凝土抗拉强度与抗压强度之比为 0.08～0.11 要高[83]。表 2-6 给出了显示劈裂抗拉强度和抗压强度之间显著关系的经验公式。可以肯定的是，影响抗压强度的因素影响抗拉强度，反之亦然。

表 2-6　测定泡沫混凝土抗拉强度 f_t 的经验公式

公式	注解	参考文献
$f_t = 0.20 f_c^{0.70}$	适用于密度为 1400～1800 kg/m^3 时，f_c 为 28d 抗压强度，N/mm^2	[139]
$f_t = 0.23 f_c^{0.67}$	适用于密度为 1400～1800 kg/m^3 时	[140]
$f_t = 1.03 f_c^{0.5}$	当 $w/c = 0.5$ 且 f_c 为 28d 抗压强度时，N/mm^2	[120]
$f_t = 0.23 f_c^{2/3}$	f_c 为使用轻骨料混凝土时的抗压强度	[141]

Kunhanandan Nambia 等[1]报道了泡沫混凝土的抗弯强度和抗拉强度为其抗压强度的 15%～35%。此外，研究还表明，当泡沫混凝土的密度小于 300kg/m^3 时，抗弯强度与抗压强度的比值几乎为零。另外，在配合比设计中加入矿物掺合料和纤维可提高泡沫混凝土的抗拉强度，这可归因于细颗粒砂和发泡剂之间的抗剪强

度增加[44, 142, 143]。Bing 等[58]指出，特别是聚丙烯（PP）纤维的掺入，能使其抗拉强度比无聚丙烯纤维泡沫混凝土提高约 31.7%。

纤维可以减少美国混凝土协会（American Concrete Institute）规定的早期泡沫混凝土的无荷载开裂，从而提高泡沫混凝土的抗拉强度，但是要求纤维具有足够的长度、尺寸和数量，以形成任何截面所需的抗拉强度。纤维的优点是增强泡沫混凝土，使泡沫混凝土的基本材料性质由脆性转变为弹塑性。纤维的作用在于提高抗弯强度、增强韧性、增强性能和后开裂行为[144, 145]。

高温下纤维增强对泡沫混凝土的影响也吸引了一些研究人员[1, 146, 147]。表 2-7 显示了聚丙烯纤维和粉煤灰增强泡沫混凝土在高温下的抗弯强度预测。研究表明，纤维增强了泡沫混凝土在 600℃以下的抗裂性能，在该温度下，样品的抗压强度损失了 60%[1, 10, 146]。

影响泡沫混凝土抗弯强度和抗拉强度的另一个重要因素是含水率。据报道，由于混合物密度低，过量的水会降低抗弯强度[148,149]。

表 2-7　测定泡沫混凝土抗弯强度 f_{cr} 的经验模型

公式	注解	参考文献
$f_{cr}(T)=f_{cr}(-0.00526T+1.01052)$	20℃ ＜T＜400℃	
$f_{cr}(T)=f_{cr}(-0.025T+1.8)$	400℃ ＜T＜600℃	[147]
$f_{cr}(T)=f_{cr}(-0.0005T+0.6)$	600℃ ＜T＜1000℃ $f_{cr}T$ 为高温下泡沫混凝土的抗弯强度 f_{cr} 为目标温度下的抗弯强度	
$f_{cr}(T)=f_{cr}(-0.00526T+1.01052)$	20℃ ＜T＜1000℃	[144]
$f_{cr}(T)=f_{cr}(1.001T+0.6)$	20℃ ＜T＜1000℃	

2.4.3　弹性模量

弹性模量与泡沫混凝土的密度有关。在对现有研究进行回顾的基础上，当泡沫混凝土的干密度为 500～1600kg/m^3 时，弹性模量分别为 1.0～12 kN/m^2[81]。泡沫混凝土的弹性模量约是普通混凝土的 1/4[16]，尽管如此，仍有可能通过向混合物中添加聚丙烯纤维来弥补，Jones 等[23]报道的最显著的增长率为 0.50%（按混合物体积），密度为 1400kg/m^3。聚丙烯纤维（0.50%的混合体积）被认为是可用于泡沫混凝土应用的柔性纤维，因为它的轻质不会影响泡沫的均匀性。

Jones 等和 Narayanan 等[23, 117]也报道了弹性模量取决于骨料类型和含量。研究发现，粗骨料含量较高的泡沫混凝土比细骨料含量较高的泡沫混凝土具有更低的弹性模量。Brady 等[9]也报道了这一情况。与使用粗骨料的混凝土相比，使用较高比例的细骨料混凝土 28d 的弹性模量更高。同时，人们注意到，由于浆体和多孔骨料之间的相互作用增强，与添加细砂相比，添加轻质粉煤灰骨料保持较高的弹性模量[97,151]。表 2-8 显示了三个变量（抗压强度、弹性模量和密度）之间的关系。经验公式表明，高干密度泡沫混凝土具有较高的抗压强度和弹性模量。

表 2-8　测定泡沫混凝土弹性模量 E 的经验公式

公式	注解	参考文献
$E=33W^{1.5}f_c^{0.5}$	使用了 Pauw 的方程式 f_c 为混凝土的抗压强度	[132]
$E=0.99f_c^{0.67}$	当粉煤灰用作细骨料时使用	[132]
$E=0.42f_c^{1.18}$	当砂用作细骨料时使用	
$E=5.31W-853$	密度 W 的范围为 200～800 kg/m^3	[105]
$E=6326\gamma_{con}{}^{1.5}f_c^{0.5}$	γ_{con} 为混凝土的单位质量 f_c 为混凝土的抗压强度 平均泊松比为 0.2，并使用聚合物发泡剂	[120]
$E=57000f_c^{0.5}$	f_c 为混凝土的抗压强度	[150]
$E_c=9.10f_c^{0.33}$	f_c 为混凝土的抗压强度	[75]

2.5　泡沫混凝土的耐久性

2.5.1　渗透性

渗透性定义为饱和多孔介质中一定压力下水流通过的能力，它基本上取决于泡沫混凝土吸水率和蒸汽渗透性。一般而言，在相同的水胶比下，泡沫混凝土的吸水率几乎是普通混凝土的 2 倍，但与引气体积、灰分类型和含量无关[38, 114]。

迄今为止，研究人员已经研究了骨料和矿物掺合料对泡沫混凝土渗透性的影响。Nyame[116]发现，混凝土砂浆的渗透性随着骨料的掺入而降低，且增加混合物中的骨料体积会导致渗透性增加。此外，在水泥浆中掺入空气会产生直径约为 50μm 的离散的、近似球形的气泡，从而形成很小的水流通道，渗透性几乎没有增加[85]。

由于矿物掺合料（如粉煤灰）的火山灰效应和填充效应，对水泥浆体的孔结构特征和渗透性也有影响[118]。研究表明，泡沫混凝土混合物中灰分水泥比的增加按比例增加了蒸汽渗透性，特别是在较低密度下[96]。然而，也有报道称，当粉煤灰用作水泥替代品的 75%时，渗透性对泡沫剂体积的依赖程度要高于不含粉煤灰的混合物[10, 96]。此外，Kearsley 和 Wainwright 指出，胶凝材料的体积至少有 20%是由夹带在塑料砂浆中的泡沫组成的，因此泡沫混凝土的吸水率相对高于其他类型的混凝土[137]。

Just 等[152]和 Ramamurthy 等[14]指出孔隙分布是影响泡沫混凝土强度最重要的微观特性之一，也有报道称气泡分布越窄的泡沫混凝土强度越高[42, 71]。

表 2-9 显示了通过泡沫混凝土试样单位面积的蒸汽流量的经验公式，还提供了随着龄期和样本大小增加的渗透程度[10, 38, 153]。

表 2-9　研究泡沫混凝土渗透性的经验公式

公式	注解	参考文献
$k_d = \dfrac{Gd}{A_c t \Delta_p}$	k_d 为蒸汽通过单位面积的时间速率；G 为 t 时间（h）的重量损失；A_c 为垂直于流量的横截面积（m^2）；d 为样品的厚度（m）；t 为时间，h；Δ_p 为样品干湿两面之间的距离	[103]和[31]
$k_d = \dfrac{K(\Delta HA)}{L_V}$	K 为根据达西定律的渗透系数；k_d 为流体流速；ΔH 为压力梯度；A 为表面积；L_V 为固体的厚度	[153]

2.5.2　抗环境侵蚀

泡沫混凝土抗环境侵蚀的程度取决于孔隙的大小和体积、分布机理以及混合物的组成。通常，泡沫混凝土对侵蚀性环境参数的抵抗力取决于其孔状结构，而与普通混凝土相比，不一定会使泡沫混凝土对水分渗透的抵抗力降低。孔隙显示出作为防止快速渗透的缓冲剂的作用[99]。

硫酸盐是影响泡沫混凝土使用寿命的侵蚀剂之一。事实上，硫酸盐侵蚀是一个复杂的机制，取决于多种因素，如水泥类型、矿物掺合料的添加、与硫酸盐阴离子相关的阳离子类型、水灰比、渗透性、硫酸盐浓度、暴露时间和持续时间[154-157]。Jones 等[96, 142]进行的一项研究表明，在设计低密度混凝土时，建议考虑许多影响泡沫混凝土的因素，如吸水率、抗侵蚀性能和抗冻融程度。据报道，泡沫混凝土表现出很高的抗硫酸盐和碳化侵蚀能力。在 Ramamurthy 等[14]的一项研究中，评估了密度为 1000～1500kg/m^3 的泡沫混凝土在 0.5%和 5%硫酸钠、0.424%和 4.24%硫酸镁溶液中的行为。研究表明，泡沫混凝土在硫酸钠环境下的膨胀率比硫酸镁环境下高 28%，这是由于硫酸钠环境下钙矾石的形成率较高，但硫酸镁环境中主要的劣化机理是胶凝材料的崩解，这导致了 1%的样品质量损失[158]。

一些研究人员也评估了泡沫混凝土的抗碳化侵蚀能力。在 Jones [96]的研究中观察到，与细砂混合物的抗碳化侵蚀能力相比，用水泥代替粉煤灰有助于提高混合物的抗碳化能力。此外，密度的降低导致泡沫混凝土碳化加速，泡沫含量的增加会降低抗碳化侵蚀能力。Jones 和 McCarthy[91]还报道，在低密度混凝土中，碳化的发生率相对较高。与高密度体积相比，低密度设计在更大范围内保护了泡沫混凝土的腐蚀[159, 160]。同样，发现耐腐蚀性随着泡沫混凝土样品密度的降低而增加[161]。关于氯离子侵入，泡沫混凝土的抗氯离子侵入性能相当于 25MPa 抗压强度的普通混凝土的抗氯离子侵入性能。此外，对泡沫混凝土相同的研究表明，对于再生骨料，碱-硅反应造成损害的风险并不显著，即使此类骨料可归类为“高活性”骨料[162]。

2.6　泡沫混凝土的功能特性

2.6.1　隔声性

研究表明，泡沫混凝土由于孔状的微观结构，表现出比普通混凝土更高的隔声性能[58, 63, 84]。但是，隔声或反射频率基本上取决于混凝土的实际刚度（表面密度）。基于固壁声阻理论，假设声反射的频率取决于壁厚及其堆积密度[163]。当混凝土墙非常坚硬时，其反射声音的能力比多孔墙更高[164]。泡沫混凝土多孔墙所传递的声音频率比普通混凝土墙高 3%。泡沫混凝土的吸声率是密实混凝土的 10 倍[14, 119]。泡沫混凝土的隔声性能受泡沫含量、泡沫量、泡沫孔大小和分布及其均匀性影响[16, 84, 105]。

2.6.2　保温性

泡沫混凝土是由闭孔结构组成的轻质混凝土材料之一，在 1600kg/m^3 的密度下，其导热系数高达 0.66W/(m·K)。普通混凝土在密度为 2200kg/m^3 时的导热系数为 1.6W/(m·K)[165]，比泡沫混凝土的导热系数高 142%。结果表明，导热系数与密度成正比，随着密度增大，隔热性能下降。Jones 和 McCarthy[91]的另一项研究表明，在干密度为 1000kg/m^3 和 1200kg/m^3 时，导热系数为 0.23～0.42W/(m·K)。此外，用聚苯乙烯颗粒适度填充多孔砂浆，可制得密度为 200～650kg/m^3、导热系数为 0.06～0.16W/(m·K)的泡沫混凝土[166]。规定密度每降低 100kg/m^3，泡沫混凝土的隔热系数将降低 0.04W/(m·K)。在实践中，泡沫混凝土板表现出优异的隔热性能，通过减小吸水性和提高强度使隔热性得到增强[167]。另外，对墙砖砌体的另一项研究表明，在墙体内使用密度为 800kg/m^3 的泡沫混凝土，与普通混凝土相比，隔热性能提高了 23%[168]。

一些研究表明，泡沫混凝土的隔热程度取决于混合物的组成，如骨料类型和矿物掺合料。以前，在泡沫混凝土中加入轻质骨料有利于降低导热系数[21, 166, 169]。例如，干密度为 1000kg/m^3 且使用轻质骨料的泡沫混凝土的导热系数是典型水泥砂浆的 1/6[170]。矿物掺合料的添加还可以通过改变泡沫混凝土的密度来改变其导热性能。Giannakou 和 Jones [166]报道，用 30%的粉煤灰代替水泥可以将导热系数降低 12%～38%。泡沫混凝土较低的导热系数归因于粉煤灰颗粒的较低密度和空心层颗粒形态，从而增加了热流路径。表 2-10 展示了根据导热系数理论开发的用于确定隔热性能的经验公式。结果表明，泡沫混凝土试样越厚，导热系数越低。另外，还报道了密度变化对导热系数的影响[171]。砂浆与泡沫的比例会影响密度性能，并严重影响绝缘性能[172]。

表 2-10　泡沫混凝土受导热系数影响的经验公式

公式	注解	参考文献
$K_{eff} = -k(dT/dt)$	K_{eff} 为热通量（W）；k 为导热系数（W/(m·K)）；T 为热力学温度（K）；t 为材料厚度（m）	[171]
$K_{eff} = 0.544 - 0.005076x_1 - 0.300x_2 + 0.000259x_3$	x_1 为泡沫混凝土的水灰比；x_2 为泡沫含量（%）；x_3 为泡沫混凝土的温度；相对密度为 0.2～0.5 养护 28d 测量	[173]

2.6.3　耐火性

现有的研究工作表明，与普通混凝土相比，泡沫混凝土具有更好的耐火性能，尽管其在高温下由于高蒸发率会出现过度收缩[174]。泡沫混凝土的耐火性能取决于其配合比和组成。一般来说，当泡沫混凝土的密度降低时，其耐火性成比例地增加。泡沫混凝土具有与普通混凝土相近的耐火范围。密度为 950kg/m^3 和 1200kg/m^3 的混凝土分别能耐火 3.5h 和 2h。Vilches 等[174]报道，密度为 400kg/m^3 的泡沫混凝土的耐火率比干密度为 150kg/m^3 的泡沫混凝土降低 1/3。水泥成分也会影响泡沫混凝土在高温下的性能。Kearsley 等[175]报道了含有 Al_2O_3/CaO 比大于 2 的水硬性水泥的泡沫混凝土能够承受高达 1450℃的高温而无损坏。

2.7　本 章 小 结

综上所述，作为新型节能材料，泡沫混凝土兼具轻质、保温、耐火等特点。泡沫混凝土性能参数众多，其中抗压强度和导热系数是最主要的参数。泡沫混凝土密度是影响其强度的主要因素，此外，选择细骨料、粉煤灰和硅灰掺合料、合适的发泡剂和水灰比对提高泡沫混凝土抗压强度有促进作用；泡沫混凝土导热系数随密度增大而增大，随孔隙率的增大而降低。掺杂粉煤灰、硅灰、纤维对导热系数具有降低作用。

参 考 文 献

[1] Kunhanandan Nambiar E K, Ramamurthy K. Influence of filler type on the properties of foam concrete. Cement and Concrete Composites, 2006, 28(5): 475-480.

[2] Tian T, Yan Y, Hu Z, et al. Utilization of original phosphogypsum for the preparation of foam concrete. Construction and Building Materials, 2016, 115: 143-152.

[3] Sathya Narayanan J, Ramamurthy K. Identification of set-accelerator for enhancing the productivity of foamed concrete block manufacture. Construction and Building Materials, 2012, 37: 144-152.

[4] Jones M R, Ozlutas K, Zheng L. High-volume, ultra-low-density fly ash foamed concrete. Magazine of Concrete Research, 2017, 69(22): 1146-1156.

[5] Kilincarslan Ş, Davraz M, Akça M. The effect of pumice as aggregate on the mechanical and thermal properties of foam concrete. Arabian Journal of Geosciences, 2018, 11(11): 289.

[6] Nguyen T T, Buia H H, Ngob T D, et al. Experimental and numerical investigation of influence of air-voids on the compressive behaviour of foamed concrete. Materials & Design, 2017, 130: 103-119.

[7] Falliano D, Domenico D D, Ricciardi G, et al. Experimental investigation on the compressive strength of foamed concrete: Effect of curing conditions, cement type, foaming agent and dry density. Construction and Building Materials, 2018,165: 735-749.

[8] Tan X J, Chen W Z, Wang J H, et al. Influence of high temperature on the residual physical and mechanical properties of foamed concrete. Construction and Building Materials, 2017, 135: 203-211.

[9] Brady K C, Watts G R A, Jones M R. Application Guide AG39: Specification for foamed concrete. Wokingham：Highway Agency and Transport Research Laboratory, 2001.

[10] van Deijk S. Foam concrete. Concrete, 1991, 25(5): 49-53.

[11] Karakurt C, Kurama H, Topçu İ B. Utilization of natural zeolite in aerated concrete production. Cement and Concrete Composites, 2010, 32(1): 1-8.

[12] Kočí V, Maděra J, Černý R. Computer aided design of interior thermal insulation system suitable for autoclaved aerated concrete structures. Applied Thermal Engineering, 2013, 58(1-2): 165-172.

[13] Shang H S, Song Y P. Triaxial compressive strength of air-entrained concrete after freeze-thaw cycles. Cold Regions Science and Technology, 2013, 90-91: 33-37.

[14] Ramamurthy K, Kunhanandan Nambiar E K, Ranjani G I S. A classification of studies on properties of foam concrete. Cement and Concrete Composites, 2009, 31(6): 388-396.

[15] Kadela M, Kozłowski M. Foamed concrete layer as sub-structure of industrial concrete floor. Procedia Engineering, 2016, 161: 468-476.

[16] Richard T G, Dobogai J, Gerhardt T D, et al. Cellular concrete - A potential load-bearing

insulation for cryogenic applications? IEEE Transactions on Magnetics, 1975, 11(2): 500-503.
[17] Uddin N, Fouad F, Vaidya U K, et al. Structural characterization of hybrid fiber reinforced polymer (FRP)-autoclave aerated concrete (AAC) panels. Journal of Reinforced Plastics & Composites, 2006, 25(9): 981-999.
[18] Tarasov A S, Kearsley E P, Kolomatskiy A S, et al. Heat evolution due to cement hydration in foamed concrete. Magazine of Concrete Research, 2010, 62(12): 895-906.
[19] Tikalsky P J, Pospisil J, MacDonald W. A method for assessment of the freeze-thaw resistance of preformed foam cellular concrete. Cement and Concrete Research, 2004, 34(5): 889-893.
[20] Weigler H, Karl S. Structural lightweight aggregate concrete with reduceddensity-lightweight aggregate foamed concrete. International Journal of Cement Composites and Lightweight Concrete, 1980, 2(2):101-104.
[21] Mydin M A O, Wang Y C. Structural performance of lightweight steel-foamed concrete-steel composite walling system under compression. Thin-walled Structures, 2011, 49(1): 66-76.
[22] Beningfield N, Gaimster R, Griffin P. Investigation into the air void characteristics of foamed concrete//Global Construction: Ultimate Concrete Opportunities: Proceedings of the International Conference, Dundee, 2005.
[23] Jones M R, McCarthy A. Behaviour and Assessment of Foamed Concrete for Construction Applications. London: Thomas Telford, 2005.
[24] Mindess S. Developments in the Formulation and Reinforcement of Concrete. Vancouver: Woodhead Publishing, 2019.
[25] Richard A O, Ramli M. Experimental production of sustainable lightweight foamed concrete. British Journal of Applied Science and Technology, 2013, 3(4): 994-1005.
[26] Durack J M, Weiqing L. The properties of foamed air cured fly ash based concrete for masonry production//Proceedings of the Fifth Australasian Masonry Conference, Gladstone, 1998.
[27] Kolias S, Georgiou C. The effect of paste volume and of water content on the strength and water absorption of concrete. Cement and Concrete Composites, 2005, 27(2): 211-216.
[28] Kearsley E P, Wainwright P J. The effect of high fly ash content on the compressive strength of foamed concrete. Cement and Concrete Research, 2001, 31(1): 105-112.
[29]Yu X G, Gao Y N, Lin L, et al. Influence of foaming agent on the properties of high density foam concrete. Advanced Materials Research, 2011, 399-401: 1214-1217.
[30] Decký M, Drusa M, Zgútová K, et al. Foam concrete as new material in road constructions. Procedia Engineering, 2016, 161: 428-433.
[31] Prim P, Wittmann F H. Structure and water absorption of aerated concrete. Autoclaved Aerated Concrete, Moisture and Properties, 1983: 55-69.
[32] Mugahed Amran Y H, Farzadnia N, Abang Ali A A. Properties and applications of foamed concrete：A review. Construction and Building Materials, 2015, 101: 990-1005.
[33] Ghorbani S, Ghorbani S, Tao Z, et al. Effect of magnetized water on foam stability and compressive strength of foam concrete. Construction and Building Materials, 2019, 197: 280-290.
[34] Reisi M, Dadvar S A, Sharif A. Microstructure and mixture proportioning of non-structural

foamed concrete with silica fume. Magazine of Concrete Research, 2017, 69(23): 1218-1230.
[35] Chung S Y, Lehmann C, Elrahman M A, et al. Pore characteristics and their effects on the material properties of foamed concrete evaluated using micro-CT images and numerical approaches. Applied Sciences, 2017, 7(6): 550.
[36] Šavija B, Schlangen E. Use of phase change materials (PCMs) to mitigate early age thermal cracking in concrete: Theoretical considerations. Construction and Building Materials, 2016, 126: 332-344.
[37] Zhang Z H, Wang H. The pore characteristics of geopolymer foam concrete and their iMPact on the compressive strength and modulus. Frontiers in Materials, 2016, 3: 1-10.
[38] Turner M. Fast set foamed concrete for same day reinstatement of openings in highways//Proceedings of One Day Seminar on Foamed Concrete: Properties, Applications and Latest Technological Developments, Loughborough, 2001: 12-18.
[39] de Rose L, Morris J. The Influence of Mix Design on the Properties of Microcellular Concrete. London: Thomas Telford, 1999: 185-197.
[40] Pickford C, Crompton S. Foamed concrete in bridge construction. Concrete, 1996, 30(6): 14-15.
[41] Norlia M I, Amat R C, Rahim N L, et al. Performance of lightweight foamed concrete with replacement of concrete sludge aggregate as coarse aggregate. Advanced Materials Research, 2013, 689: 265-268.
[42] Wee T H, Babu D S, Tamilselvan T, et al. Air-void system of foamed concrete and its effect on mechanical properties. ACI Materials Journal, 2006, 103(1): 45.
[43] Ruiwen K. Properties of high-strength foam concrete. Singapore：National University of Singapore (NUS), 2004.
[44] Kunhanandan Nambiar E K, Ramamurthy K. Modcls rclating mixturc composition to thc dcnsity and strength of foam concrete using response surface methodology. Cement and Concrete Composites, 2006, 28(9): 752-760.
[45] Jitchaiyaphum K, Sinsiri T, Chindaprasirt P. Cellular lightweight concrete containing pozzolan materials. Procedia Engineering, 2011, 14: 1157-1164.
[46] Sharipudin S S, Mohd Ridzuan A R, Raja Mohd Noor R N H, et al. Strength properties of lightweight foamed concrete incorporating waste paper sludge ash and recycled concrete aggregate//Regional Conference on Science, Technology and Social Sciences (RCSTSS 2014), Singapore: Springer, 2016: 3-15.
[47] Gelim K I. Mechanical and physical properties of fly ash foamed concrete. Batu Pahat: Universiti Tun Hussein Onn Malaysia, 2011.
[48] Moon A S, Varghese V, Waghmare S S. Foam concrete as a green building material. International Journal of Research in Engineering and Technology, 2015, 2(9): 25-32.
[49] Awang H, Aljoumaily Z S, Noordin N. The mechanical properties of foamed concrete containing un-processed blast furnace slag//MATEC Web of Conferences. Malaysia , 2014, 15: 1-9.
[50] Faghihmaleki H, Nejati F, Masoumi H. In vitro evaluation of additives allowed for high strength concrete (HSC) and foam concrete. Pamukkale University Journal of Engineering Sciences, 2017, 23(3): 177-183.

[51] Pan Z H, Hiromi F, Wee T. Preparation of high performance foamed concrete from cement, sand and mineral admixtures. Journal of Wuhan University of Technology(Material Science Edition), 2007, 22: 295-298.

[52] Hilal A A, Thom N H, Dawson A R. The use of additives to enhance properties of pre-formed foamed concrete. International Journal of Engineering and Technology, 2015, 7(4): 286-293.

[53] Ching N S. Potential use of aerated lightweight concrete for energy efficient construction. Perak: Universiti Tunku Abdul Rahman, 2012.

[54] Hwang C L, Tran V A. A study of the properties of foamed lightweight aggregate for self-consolidating concrete. Construction and Building Materials, 2015, 87: 78-85.

[55] Zhang Z H, Provis J L, Reid A, et al. Geopolymer foam concrete: An emerging material for sustainable construction. Construction and Building Materials, 2014, 56: 113-127.

[56] Poznyak O, Melnyk A. Non-autoclaved aerated concrete made of modified binding composition containing supplementary cementitious materials. Budownictwo i Architektura, 2014, 13: 127-134.

[57] Akthar F, Evans J R. High porosity (>90%) cementitious foams. Cement and Concrete Research, 2010, 40: 352-358.

[58] Bing C, Zhen W, Ning L. Experimental research on properties of high-strength foamed concrete. Journal of Materials in Civil Engineering, 2011, 24(1): 113-118.

[59] ACI Committee 523. 523. 2R96 Guide for Precast Cellular Concrete Floor, Roof, and Wall. Units Los Angeles: ACI, 2002.

[60] Aldridge D. Introduction to foamed concrete: What, why, how?//Dhir R K, Newlands M D, McCarthy A. Use of Foamed Concrete in Construction. London: Thomas Telford, 2005: 1-14.

[61] Perez L B, Cortez L A B. Potential for the use of pyrolytic tar from bagasse in industry. Biomass Bioenergy, 1997, 12 (5): 363-366.

[62] Taylor W H. Concrete Technology and Practice. New York: Elsevier, 1965: 185.

[63] Valore R C, Jr. Cellular concretes Part 1 composition and methods of preparation. ACI Journal Proceedings, 1954, 50(5): 773-796.

[64] Nehdi M, Khan A, Lo K Y. Development of deformable protective system for underground infrastructure using cellular grouts. ACI Materials Journal, 2002, 99(5): 490-498.

[65] Kearsley E P. The use of foamcrete for affordable development in third world countries. Concrete in the Service of Mankind: Appropriate Concrete Technology, 2006, 3: 232.

[66] Karl S, Woerner J D. Foamed Concrete-mixing and Workability//Rilem Proceedings. New York: Chapman and Hall, 1994: 217.

[67] Kearsley E P, Visagie M. Micro-properties of Foamed Concrete. Specialist Techniques and Materials for Construction. London: Thomas Telford, 1999: 173-184.

[68] Welker C D, Welker M A, Welker M F, et al. Foamed Concrete Compositional Process: US, 6153005. 2000.

[69] Abd Elrahman M, El Madawy M E, Chung S Y，et al. Preparation and characterization of ultra-lightweight foamed concrete incorporating lightweight aggregates. Applied Sciences, 2019, 9(7): 1447.

[70] Shi C. Composition of materials for use in cellular lightweight concrete and methods : US, 6488762. 2002.

[71] Ergene Mehmet T. Foamed concrete structures: US, US3867159 A. 1975.

[72] Agarwal S K, Masood I, Malhotra S K. CoMPatibility of superplasticizers with different cements. Construction and Building Materials, 2000, 14(5): 253-259.

[73] Zingg A, Winnefeld F, Holzer L, et al. Interaction of polycarboxylate-based superplasticizers with cements containing different C_3A amounts. Cement and Concrete Composites, 2009, 31(3): 153-162.

[74] Jezequel P H, Mathonier B. Foamed concrete: US, WO2011101386 A1. 2014.

[75] ASTM. Standards. C138-92 Test Method for Unit Weight, Yield, and Air Content (Gravimetric) of Concrete. Philadelphia: ASTM International, 1992.

[76] Jones M R, McCarthy A. Heat of hydration in foamed concrete: Effect of mix constituents and plastic density. Cement and Concrete Research, 2006, 36(6): 1032-1041.

[77] Abdur Rasheed M, Suriya Prakash S. Mechanical behavior of sustainable hybrid-synthetic fiber reinforced cellular light weight concrete for structural applications of masonry. Construction and Building Materials, 2015, 98: 631-640.

[78] Yan J B, Wang J Y, Liew J Y R, et al. Applications of ultra-lightweight cement composite in flat slabs and double skin composite structures. Construction and Building Materials, 2016, 111: 774-793.

[79] Li G, Muthyala V D. A cement based syntactic foam. Materials Science & Engineering A, 2008, 478: 77-86.

[80] Chen W Z, Tian H M, Yuan J Q, et al. Degradation characteristics of foamed concrete with lightweight aggregate and polypropylene fibre under freeze-thaw cycles. Magazine of Concrete Research, 2013, 65(12): 720-730.

[81] Short A, Kinniburgh W. Lightweight Concrete. 3rd ed. London: Applied Science Publishers, 1978: 1-14.

[82] ASTM Standards. C796-2004 Standard test method for foaming agents for use in producing cellular concrete using preformed foam. West Conshohocken: ASTM International, 2004.

[83] BS EN12350-6. Testing Fresh Concrete: Density, London: British Standards Institution, 2009.

[84] Neville A M. Properties of Concrete. 4th ed. London: Longman Group Limited, 1995.

[85] Aldridge D, Ansell T. Foamed concrete: Production and equipment design, properties, applications and potential//Proceedings of One Day Seminar on Foamed Concrete: Properties, Applications and Latest Technological Developments, Leicester, 2001: 1-7.

[86] Kearsley E P, Wainwright P J. Porosity and permeability of foamed concrete. Cement and Concrete Research, 2001, 31(5): 805-812.

[87] Koudriashoff I T. Manufacture of reinforced foam concrete roof slabs. ACI Journal Proceedings, 1949, 46: 37-68.

[88] Zulkarnain F, Ramli M. Durability of performance foamed concrete mix design with silica fume for housing development. Journal of Materials Science and Engineering, 2011, 5: 518-527.

[89] Sach J, Seifert H. Foamed concrete technology: Possibilities for thermal insulation at high

temperatures. CFI Ceramic Forum International, 1999, 76(9): 23-30.
[90] Fadila R, Suleiman M Z. Paper fiber reinforced foam concrete wall paneling system//2nd International Conference on Built Environment in Developing Countries (ICBEDC), Penang, Malaysia, 2008: 527-540.
[91] Jones M R, McCarthy M J, McCarthy A. Moving fly ash utilization in concrete forward: A UK perspective//Proceedings of the 2003 International Ash Utilisation Symposium, Centre for Applied Energy Research, Kentucky, 2003: 20-22.
[92] Jones M R, McCarthy A. Preliminary views on the potential of foamed concrete as a structural material. Magazine of Concrete Research, 2005, 57(1): 21-31.
[93] Tam C T, Lim T Y, Ravindrarajah R S, et al. Relationship between strength and volumetric composition of moist-cured cellular concrete. Magazine of Concrete Research, 1987, 39(138): 12-18.
[94] McCormick F C. A rational procedure for proportioning pre-formed foam cellular concrete mixes (Doctoral dissertation). Michigan: University of Michigan, 1964.
[95] Georgiades A, Ftikos C, Marinos J. Effect of micropore structure on autoclaved aerated concrete shrinkage. Cement and Concrete Research, 1991, 21(4): 655-662.
[96] Jones M R. Foamed concrete for structural use//One-day Awareness Seminar on "Foamed Concrete: Properties, Applications and Potential". Dundee: University of Dundee, Scotland, 2000: 54-79.
[97] Kunhanandan Nambiar E K, Ramamurthy K. Shrinkage behavior of foam concrete. Journal of Materials in Civil Engineering, 2009, 21(11): 631-636.
[98] Gowripalan N, Cabrera J G, Cusens A R, et al. Effect of curing on durability. Concrete International, 1990, 12(12): 47-54.
[99] Hilal A A, Thom N H, Dawson A R. Pore structure and permeation characteristics of foamed concrete. Journal of Advanced Concrete Technology, 2014, 12(12): 535-544.
[100] Mehta P K. Pore size distribution and permeability of hardened cement pastes//7th International Congress on the Chemistry of Cement, Paris, 1980: VII-1.
[101] Hughes D C. Pore structure and permeability of hardened cement paste. Magazine of Concrete Research, 1985, 37(133): 227-233.
[102] Barbhuiya S A, Gbagbo J K, Russell M I, et al. Properties of fly ash concrete modified with hydrated lime and silica fume. Construction and Building Materials, 2009, 23(10): 3233-3239.
[103] Balendran R V, Zhou F P, Nadeem A, et al. Influence of steel fibres on strength and ductility of normal and lightweight high strength concrete. Building and Environment, 2002, 37(12): 1361-1367.
[104] Hassan K E, Cabrera J G, Bajracharya Y M. The influence of fly ash content and curing temperature on the properties of high performance concrete//Proceedings of the 5th International Conference, New York, 1997.
[105] Saint-Jalmes A, Peugeot M L, Ferraz H, et al. Differences between protein and surfactant foams: microscopic properties, stability and coarsening. Colloids & Surfaces A: Physicochemical & Engineering Aspects, 2005, 263(1): 219-225.

[106] Lynsdale C J, Cabrera J G. A new gas permeameter for measuring the permeability of mortar and concrete. Magazine of Concrete Research, 2015, 40(144): 177-182.

[107] Nyame B K, Illston J M. Relationships between permeability and pore structure of hardened cement paste. Magazine of Concrete Research, 1981, 33(116): 139-146.

[108] Fagerlund G. Strength and porosity of concrete//Proceedings of the International Symposium RILEM/IUPAC on Pore Structure and Properties of Materials, Prague, 1973: D51-D141.

[109] Hall C. Water sorptivity of mortars and concretes: A review. Magazine of Concrete Research, 1989, 41(147): 51-61.

[110] Lockington D A, Parlange J Y, Dux P. Sorptivity and the estimation of water penetration into unsaturated concrete. Materials and Structures, 1999, 32(5): 342-347.

[111] Martys N S, Ferraris C F. Capillary transport in mortars and concrete. Cement and Concrete Research, 1997, 27(5): 747-760.

[112] Sabir B B, Wild S, O'farrell M. A water sorptivity test for mortar and concrete. Materials and Structures, 1998, 31(8): 568-574.

[113] Kunhanandan Nambiar E K, Ramamurthy K. Fresh state characteristics of foam concrete. Journal of Materials in Civil Engineering, 2008, 20(2): 111-117.

[114] Dias W P S. Durability indicators of OPC concretes subject to wick action. Magazine of Concrete Research, 1993, 45(165): 263-274.

[115] ASTM. Standard Test Method for Measurement of Rate of Absorption of Water by Hydraulic-Cement Concretes, ASTM C1585, Philadelphia, PA, 2004.

[116] Nyame B K. Permeability of normal and lightweight mortars. Magazine of Concrete Research, 1985, 37(130): 44-48.

[117] Narayanan N, Ramamurthy K. Structure and properties of aerated concrete: A review. Cement and Concrete Composites, 2000, 22(5): 321-329.

[118] Cox L S, van Dijk S. Foam concrete: A different kind of mix. Concrete, 2002, 36(2): 54-55.

[119] Mellin P. Development of structural grade foamed concrete. Dundee: University of Dundee, 1999.

[120] Byun K J, Song W H, Park S S. Development of structural lightweight foamed concrete using polymer foam agent. ICPIC-98, 1998.

[121] Anon J. UK's largest foamed concrete pour for railway embankment.Quality Concrete, 1996, 2(2): 53.

[122] Dunton H R, Rez D H. Apparatus and method to produce foam, and foamed concrete： US, 4789244. 1988.

[123] McGovern G. Manufacture and supply of ready-mix foamed concrete//One Day Awareness Seminar on Foamed concrete Properties, Applications and Potential, 294,Scotland, 2000.

[124] Hoge J H. Method of preparing cementitious compositions for tunnel backfill：US,US4419135 A, 1983.

[125] Masood I, Agarwal S K. Use of super plasticizers in cement concrete, present status and future prospects in India. Civil Engineering and Construction Review, 1993, 6(8): 12-18.

[126]白应华,田冉,李华伟,等.增稠剂与减水剂对泡沫混凝土孔结构稳定性的影响. 新型建筑材料,

2021, 48(9): 115-119.

[127] Bartos P J M. Special Concretes-Workability and Mixing. Boca Raton: CRC Press, 2004.

[128] Brewer W E. Controlled low strength materials (CLSM) //Concrete in the Service of Mankind. Boca Raton: CRC Press, 1996: 664-675.

[129] Narayanan N. Influence of Composition on the Structure and Properties of Aerated Concrete. Madras: IIT, 1999.

[130] Dhir R, Jones M, Nicol L. Development of structural grade foamed concrete. Final Report, DETR Research Contract, 1999, 39(3): 385.

[131] Kamaya T, Uchida M, Tsutsumi M, et al. Production of lightweight and high strength foamed concrete product：Japan，08-283080. 1996.

[132] McCormick F C. Rational proportioning of preformed foam cellular concrete. ACI Journal Proceedings,1967, 64(2): 104-110.

[133] Thanoon W A, Jaafar M S, Kadir M R A, et al. Development of an innovative interlocking load bearing hollow block system in Malaysia. Construction and Building Materials, 2004, 18(6): 445-454.

[134] Fujiwara H, Sawada E, Ishikawa Y. Manufacture of high-strength aerated concrete containing silica fume. ACI Special Publication, 1995,153:779-794.

[135] Ibrahim W, Haziman M, Jamaluddin N, et al. Compressive and flexural strength of foamed concrete containing polyolefin fibers. Advanced Materials Research, 2014, 9(11): 489-493.

[136] Shah S P, Daniel J I, Ahmad S H, et al. Guide for specifying, proportioning, mixing, placing, and finishing steel fiber reinforced concrete. ACI Materials Journal, 1993, 90(1): 94-101.

[137] Kearsley E P, Wainwright P J. The effect of porosity on the strength of foamed concrete. Cement and Concrete Research, 2002, 32(2): 233-239.

[138] ASTM. Standard Test Method for Splitting Tensile Strength of Cylindrical Concrete Specimens, ASTM C496-96, ASTM International, West Conshohocken, PA, 1996.

[139] Oluokun F. Prediction of concrete tensile strength from its compressive strength: an evaluation of existing relations for normal weight concrete. ACI Materials Journal, 1991, 88(3): 302-309.

[140] CEB-FIP. MC90, Design of Concrete Structures. CEB-FIP Model Code 1990, Thomas Telford, London, 1993.

[141] CEB-FIP. Model Code for Concrete Structures. Welsh: Redwood Books, 1990: 117.

[142] Jones M R, McCarthy A. Utilising unprocessed low-lime coal fly ash in foamed concrete. Fuel, 2005, 84(11): 1398-1409.

[143] Röbler M, Odler I. Investigations on the relationship between porosity, structure and strength of hydrated Portland cement pastes I. Effect of porosity. Cement and Concrete Research, 1985, 15(2): 320-330.

[144] Deng F K. Mechanical properties and energy-saving effect of polypropylene fiber foam concrete. Research Journal of Applied Sciences, Engineering and Technology, 2013, 6(11): 2012-2018.

[145]Abdigaliyev A, Hu J. Investigation on improvement of flexural behavior of low-density cellular concrete through fiber reinforcement for non-structural applications. Transportation Research

Record, 2019, 2673(10): 641-651.
[146] Kayali O, Haque M N, Zhu B. Some characteristics of high strength fiber reinforced lightweight aggregate concrete. Cement and Concrete Composites, 2003, 25(2): 207-213.
[147] Anderberg Y, Thelandersson S. Stress and Deformation Characteristics of Concrete at High Temperatures. 2. Experimental Investigation and Material Behaviour Model. Bulletin： Lund Institute of Technology, 1976： 54.
[148] Castro M, Moran O. Fiber reinforced light weight cellular concrete： US，US6569232 B2. 2002.
[149] ACI Committee.ACI 318-08, Building code requirements for structural concrete. American Concrete Institute, 2008.
[150] Kamara M E, Novak L C , Rabbat B G. Notes on ACI 318-08, Building Code Requirements for Structural Concrete: With Design Applications. Los Angeles: Portland Cement Assn, 2008.
[151] Zollo R F. Fiber-reinforced concrete: An overview after 30 years of development. Cement and Concrete Composites, 1997, 19(2): 107-122.
[152] Just A, Middendorf B. Microstructure of high-strength foam concrete. Materials characterization, 2009, 60(7): 741-748.
[153] Hubbert M K. Darcy's law and the field equations of the flow of underground fluids. Hydrological Sciences Journal, 1957, 2(1): 23-59.
[154] Cao H T, Bucea L, Ray A, et al. The effect of cement composition and pH of environment on sulfate resistance of Portland cements and blended cements. Cement and Concrete Composites, 1997, 19(2): 161-171.
[155] Prasad J, Jain D K, Ahuja A K. Factors influencing the sulphate resistance of cement concrete and mortar. Asian Journal of Civil Engineering, 2006, 7(8): 259-268.
[156] Brown P, Hooton R D, Clark B. Microstructural changes in concretes with sulfate exposure. Cement and Concrete Composites, 2004, 26(8): 993-999.
[157] Sahmaran M, Kasap O, Duru K, et al. Effects of mix composition and water-cement ratio on the sulfate resistance of blended cements. Cement and Concrete Composites, 2007, 29(3): 159-167.
[158] Newman J, Choo B S. Advanced Concrete Technology 3: Processes. Amsterdam: Academic Press Elsevier, 2003.
[159] Kearsley E P, Booysens P. Reinforced foamed concrete-can it be durable? Concrete Beton, 1998, (91): 5-9.
[160] Jones R, Zheng L, Yerramala A, et al. Use of recycled and secondary aggregates in foamed concretes. Magazine of Concrete Research, 2012, 64(6): 513-525.
[161] Regan P E, Arasteh A R. Lightweight aggregate foamed concrete. Structural Engineer, 1990, 68(9): 167-173.
[162] Tada S. Material design of aerated concrete - an optimum performance design. Materials and Structures, 1986, 19(1): 21-26.
[163] Laukaitis A, Fiks B. Acoustical properties of aerated autoclaved concrete. Applied Acoustics, 2006, 67(3): 284-296.
[164] Mohd Zahari N, Abdul Rahman I, Zaidi A, et al. Foamed concrete: potential application in thermal insulation//Proceedings of Malaysian Technical Universities Conference on Engineering

and Technology (MUCEET), Kuantan, 2009.

[165] Proshin A P, Beregovoi V A, Beregovoi A M, et al. Unautoclaved foam concrete and its constructions, adapted to the regional conditions//Dhir R K, Newlands M D, McCarthy A. Use of foamed concrete in construction. London: Thomas Telford, 2005: 113-120.

[166] Giannakou A, Jones M R. Potentials of foamed concrete to enhance the thermal performance of low rise dwellings//Hewelett P C, Csetenyi L J, Dhir R K. Innovations and Development in Concrete Materials and Construction. London: Thomas Telford, 2002: 533-544.

[167] Park S B, Yoon E S, Lee B I. Effects of processing and materials variations on mechanical properties of lightweight cement composites. Cement and Concrete Research, 1999, 29(2): 193-200.

[168] Chandra S, Berntsson L. Lightweight Aggregate Concrete. Norwich：Noyes Publications/ William Andrew, 2002.

[169] Holm T A, Ries J P. Lightweight concrete and aggregates. ASTM Special Technical Publication, 1994, 169: 522-532.

[170] Valore R C, Jr. Insulating concretes. ACI Journal Proceedings, 1956, 53(11): 509-532.

[171] Chang C W, Okawa D, Garcia H, et al. Breakdown of Fourier’s law in nanotube thermal conductors. Physical Review Letters, 2008, 101(7): 075903.

[172] Roslan A F, Awang H, Mydin M. Effects of various additives on drying shrinkage, compressive and flexural strength of lightweight foamed concrete (LFC). Advanced Materials Research, 2013, 626: 594-604.

[173] Han W. K. Thermal Conductivity of Foamed Concrete, in Civil Engineering. Singapore: National University of Singapore (NUS), 2007.

[174] Vilches J, Ramezani M, Neitzert T. Experimental investigation of the fire resistance of ultra-lightweight foam concrete. International Journal of Advances in Engineering Sciences and Applied Mathematics, 2012, 1(4): 15-22.

[175] Kearsley E P, Mostert H F. The use of foamed concrete in refractories//Dhir R K, Newlands M D, McCarthy A. Use of Foamed Concrete in Construction. London: Thomas Telford, 2005: 89-96.

第3章　基于微观结构分析的泡沫混凝土力学性能试验研究

3.1　泡沫混凝土微观结构分析

泡沫混凝土可以看作无数大小不一的孔隙和孔隙壁构成的复合体，复合体的分布、大小和形状决定了泡沫混凝土的性能[1-3]。泡沫随着料浆的硬化过程被固定在混凝土内部；各种水化产物、未反应的物料微粒和壁内空隙组成孔间壁，形成以水化硅酸盐为骨架并且各类结晶体、微小孔隙等分布其中的不均质堆聚结构[4-6]。因此，有必要针对影响泡沫混凝土微观结构的形成、演化以及在进程中产生重要影响的因素进行研究分析。

3.1.1　试件制备

本书试验所用试件均于工地现场制得，现场制样设备如图 3-1 所示，该设备由四个部分表示，如图 3-1 中 1、2、3、4 所示。其中，1 为水泥储存罐；2 为水泥与水的混合场所；3 为搅拌机；4 是发泡剂稀释机。现场泡沫混凝土制样流程如下。

（1）水泥通过管道输送入 2 中，与水混合后放入搅拌机 3 中，将水泥与水充分搅拌。

（2）发泡剂稀释机首先将发泡剂吸入管中，该吸入管与另一水管交汇，随后与水一同输入小搅拌机，实现发泡剂的稀释。

（3）搅拌均匀的水泥浆与稀释后的发泡剂分别通过管道进行泵送，两管道交汇处如图 3-2 所示，在交汇管道内设有多道刀片，通过刀片实现水泥浆与发泡剂的均匀混合。

（4）将均匀的泡沫混凝土泵送至工地现场，利用量杯实时监测泡沫混凝土湿密度，如图 3-3 所示，待密度稳定后，开始现场取样制备泡沫混凝土试件。

图 3-1　泡沫混凝土制样设备

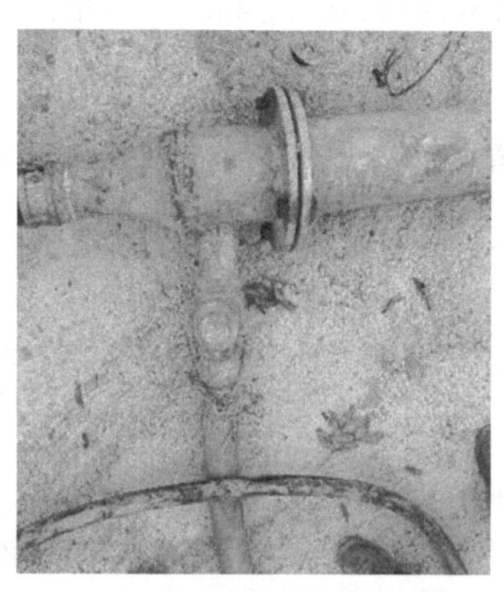

图 3-2　水泥浆与发泡剂泵送管道交汇处

图 3-3　泡沫混凝土湿密度测量

因泡沫混凝土早期强度较低，采用 100mm×100mm×400mm 的标准模具制得的试件在脱模过程中容易出现试件断裂、边角残缺等问题（图 3-4）。因此，为确保试验所用试件的质量，泡沫混凝土浇筑采用 690mm×450mm×150mm 的塑料箱。为方便脱模，浇筑前需在塑料箱内刷油。制样过程如图 3-5 所示。

图 3-4　泡沫混凝土脱模过程的试件断裂以及边角残缺等问题

图 3-5　泡沫混凝土制样过程

本次试验准备了 500kg/m^3、600kg/m^3 以及 750kg/m^3 三种不同湿密度下制得的泡沫混凝土试件，不同密度的泡沫混凝土配合比情况如表 3-1 所示。试验采用的主要原材料有三种：水泥、水及发泡剂，其中水泥为安徽宣城海螺水泥厂生产的P·O42.5普通硅酸盐水泥，水为生活用水，发泡剂由杭州舒之成实业生产。

表 3-1　泡沫混凝土配合比

湿密度/（kg/m^3）	水泥/（kg/m^3）	水/（kg/m^3）	发泡剂/（kg/m^3）	水胶比
500	310	186	0.59	0.6
600	355	216	0.57	0.6
750	450	270	0.53	0.6

本试验共制备了4种尺寸的泡沫混凝土：①10mm×10mm×10mm的立方体试样；②ϕ50mm×100mm的柱体试样，用于标定PFC3D模型的细观参数；③100mm×100mm×100mm的立方体试样，用于单轴压缩试验；④400mm×100mm×100mm的长方体试样，用于三点弯拉试验。

3.1.2　试验方案

本试验中采用压汞试验和电镜试验对三种不同密度的泡沫混凝土微观孔结构进行对比分析。同时，采用XRD试验对水化龄期分别为3d、7d和28d的泡沫混凝土水化产物进行分析。

1. 压汞试验

目前，压汞法是常用的测量孔结构及分布的方法。该方法的基本原理是基于Washbum方程，根据压入多孔材料中的汞量和所施加压力之间的函数关系，计算得出孔的直径和体积。本试验中采用的试验仪器为压汞仪AutoPore Ⅳ 9500，如图3-6所示。

图 3-6　压汞仪 AutoPore Ⅳ 9500

取备试样时，为了避免试样进一步水化，将三种不同密度的泡沫混凝土试件取出放入乙醇溶剂中。破碎后取大约小于 10mm 的片状试样。试样制备过程中避免用力敲击样品，取样时避免取试件成型面附近的样品。在压汞试验前，将试样放入烘箱至恒温 105℃，并放置在干燥器中。所取试样如图 3-7 所示。

500 kg/m³

600 kg/m³

750 kg/m³

图 3-7　不同密度泡沫混凝土压汞取样

2. 电镜试验

从三种不同密度泡沫混凝土试样中各取一个体积约为 $2cm^3$ 的块状试样，放入无水乙醇中至水化反应终止。取出试样，在烘箱中烘干，烘箱温度设定为 50℃。观察面不进行磨平抛光，采用自然断面，将小块从中间掰断以获得观察用的自然断面。真空喷金镀膜进行电镜观测。电镜取样如图 3-8 所示。试验使用的试验机为日立扫描电子显微镜 Hitachi SU8100，加速电压为 20.0kV，如图 3-9 所示。

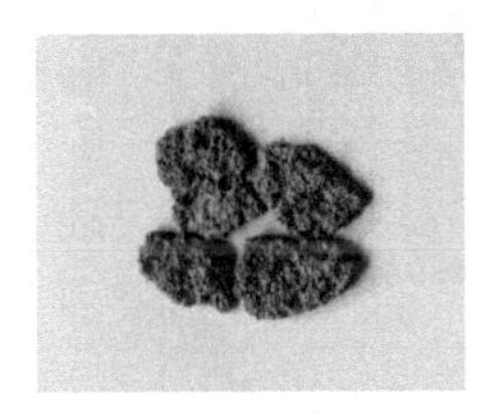
500 kg/m³

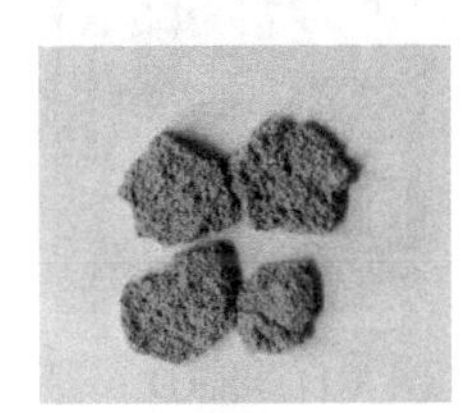
600 kg/m³

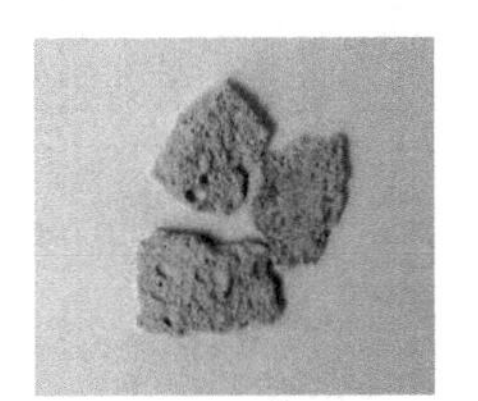
750 kg/m³

图 3-8　不同密度泡沫混凝土电镜取样

图 3-9　日立扫描电子显微镜 Hitachi SU8100

3. XRD 试验

选取水化龄期分别为 3d、7d 和 21d 的泡沫混凝土试样 2～3cm^3，磨碎后放入无水乙醇中浸泡 48h 以终止其水化反应。取出试样，在烘箱中烘干，烘箱温度设定为 50℃，如图 3-10 所示。烘干后将粉末通过 200 目的筛网后进行 XRD 测定。XRD 试验测定仪器为 SmartLab，如图 3-11 所示。

图 3-10　磨碎后的泡沫混凝土烘干

图 3-11　XRD 仪器

3.1.3　结果分析

1. 不同密度等级泡沫混凝土孔结构特征分析

压汞试验得到三种不同密度的泡沫混凝土试样的孔隙率如表 3-2 所示。由压汞试验数据可知，泡沫混凝土试件的孔隙率均在 50%以上。密度为 500kg/m^3 的泡沫混凝土试样的孔隙率接近 70%。随着试样密度的增大，孔隙率逐渐减小。

表 3-2　三种不同密度泡沫混凝土的孔隙率

密度/（kg/m^3）	500	600	750
孔隙率/%	68.2304	66.1396	52.1737

基于压汞试验所得数据，做出三种不同密度泡沫混凝土的孔径分布图，如图 3-12 所示。在图 3-12 中，曲线的峰值点代表试件的最可几孔径。从图中可以看出，随着泡沫混凝土密度的减小，曲线的峰值点右移。这表示试件的最可几孔径增大，说明泡沫混凝土材料内部的孔径变大。密度为 500kg/m^3、600kg/m^3 和 750kg/m^3 的泡沫混凝土的最可几孔径分别为 227.57μm，60.61μm 和 17.30μm。

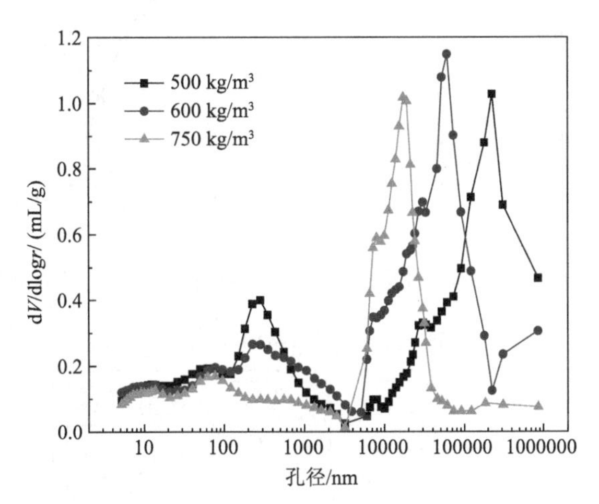

图 3-12　三种不同密度泡沫混凝土孔径分布图

三种不同密度泡沫混凝土的累积孔体积与孔径关系曲线如图 3-13 所示。可以看出，曲线随试件密度的增大而逐渐下移，说明随着泡沫混凝土密度增大，其内部孔的数量在减少。临界孔径是指能将较大的孔隙连通起来的各孔的最大孔径，反映了混凝土中孔隙的连通性和渗透路径的曲折性，对应的是累积孔体积图上孔体积开始大量增加处的孔径，其对混凝土的渗透性影响最为重要。从图 3-13 中可以得到，密度为 500kg/m^3、600kg/m^3 和 750kg/m^3 的泡沫混凝土的临界孔径分别为 313.22μm、224.04μm 和 31.85μm。

为了获得与泡沫混凝土密度相关的更为精确的孔径分布，将孔径划分为三个区间，分别为小孔（<50nm）、中孔（50～1000nm）和大孔（>1000nm）。三种不同密度泡沫混凝土试件中不同孔径所占的体积分数如图 3-14 所示。可以看出，三种不同密度的泡沫混凝土孔径分布规律相似，每种孔径所占的比例差别不大。其中小孔占据了大部分的孔体积，比例达到约 70%。随着泡沫混凝土试件密度的增大，中孔所占的比例减小。500kg/m^3 的泡沫混凝土中孔体积比例为 22.61%，而 750kg/m^3 的泡沫混凝土中孔体积比例仅为 16.92%。

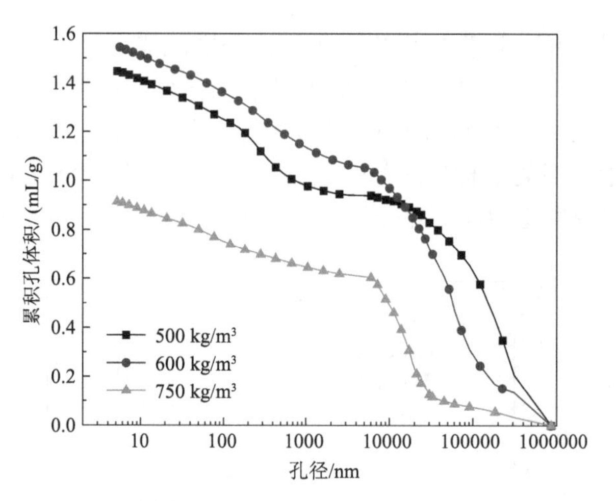

图 3-13　三种不同密度泡沫混凝土的累积孔体积与孔径关系曲线

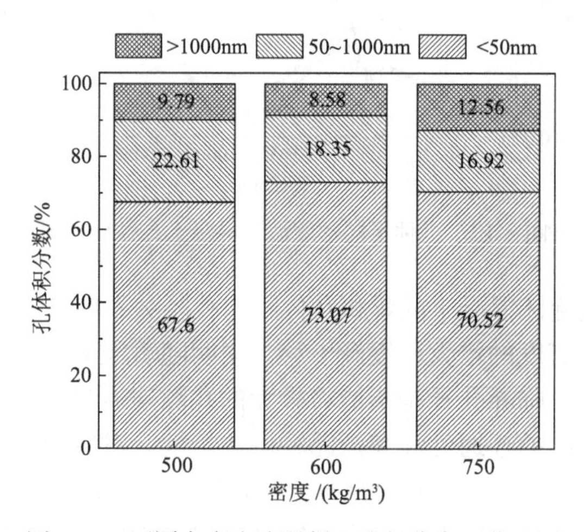

图 3-14　不同密度泡沫混凝土孔径分布百分比图

2. 不同密度等级泡沫混凝土微观形貌分析

借助 SEM 获取三种不同密度泡沫混凝土试件的微观结构图片，分析不同密度泡沫混凝土材料微观结构，揭示泡沫混凝土试件的微观结构与宏观性能的联系。

三种密度的泡沫混凝土试件在 50 倍和 200 倍下的放大图片如图 3-15 所示。对比不同密度放大 50 倍的图片，可以明显看出，随着试件密度的增大，试件内部的孔隙数量明显减少。同时，从图中的圈内形状可以看出，当泡沫混凝土密度较低时，其孔隙内部会存在较多的内在缺陷和损伤，这也与泡沫混凝土密度越低，强度越低的现象符合。

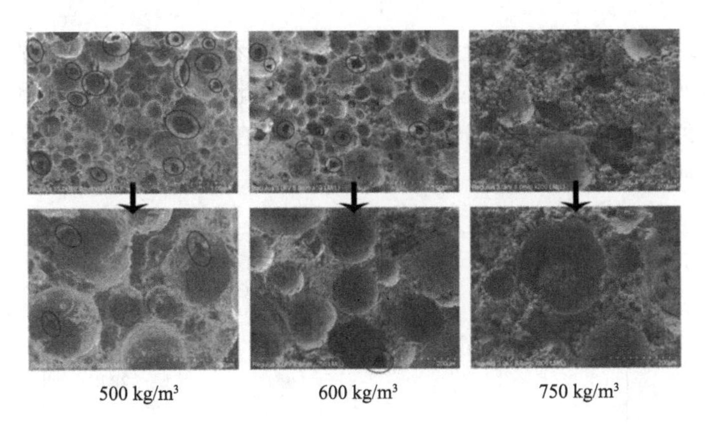

图 3-15　不同密度泡沫混凝土 SEM 图（上面图为放大 50 倍，下面图为放大 200 倍）

选取泡沫混凝土孔隙间的基质部分，使用电镜设备将其放大 2000 倍，如图 3-16 所示。对比可以看出，当泡沫混凝土密度为 750kg/m^3 时，可明显观察到基质部分主要由层片状堆积 $Ca(OH)_2$ 晶体和 C-S-H 凝胶结合紧密，结晶较为完整，结构密实。密度为 600kg/m^3 的泡沫混凝土，其基质多为针状交叉的 $Ca(OH)_2$ 晶体，结晶不完全，结构较密实。而当泡沫混凝土密度为 500kg/m^3 时，其孔隙间的基质部分较为疏松，甚至存在一些微裂缝，这可能是由于干燥和自收缩等相互作用。基于此，当泡沫混凝土密度小时，其自身基质强度低，内部缺陷较多，所以试件强度会降低，吸水率升高。

图 3-16　不同密度泡沫混凝土的电镜图（放大 2000 倍）

3. 不同龄期泡沫混凝土水化产物的矿物分析

图 3-17 为水化龄期 3d、7d 和 28d 的泡沫混凝土的 XRD 分析图，曲线上大致出现五种矿物成分的峰值，如图中标识。龄期为 3d 时，曲线上有数个明显的 $Ca(OH)_2$（图中 CH）XRD 特征峰，说明泡沫混凝土中 C_3S 与 C_2S 逐渐水化，生成了一定量的 $Ca(OH)_2$ 和 C-S-H，提高了泡沫混凝土试件的早期力学性能。随着泡沫混凝土龄期的增大，钙矾石（Aft）的峰值个数增多，$Ca(OH)_2$ 晶体的峰值强度降低，这说明泡沫混凝土在水化过程中不断产生 Aft 晶体，结晶程度越来越高。

对比分析 7d 和 28d 泡沫混凝土的 XRD 曲线可以看出，$Ca(OH)_2$ 和 Aft 晶体的峰值强度均有所上升，说明水化过程仍在继续。除此以外，在泡沫混凝土的曲线上可明显观察到 $CaCO_3$ 的存在，这可能是由于试样在处理过程中，与空气接触，发生了碳化，从而产生了 $CaCO_3$。

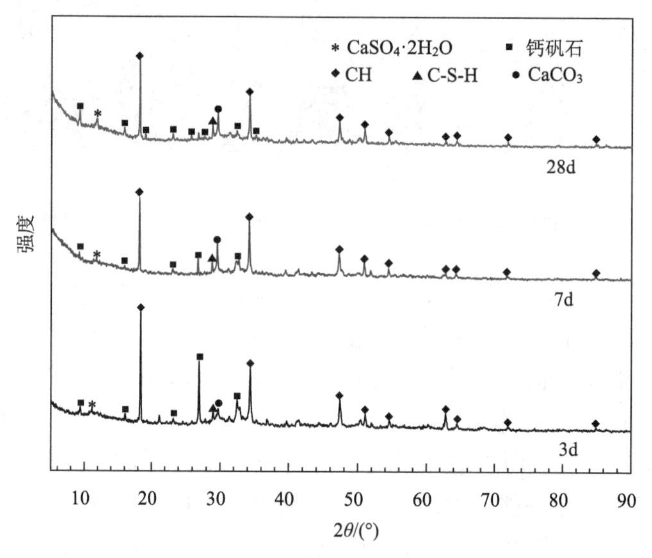

图 3-17　不同龄期泡沫混凝土 XRD 水化产物图

基于压汞试验和 SEM 试验，针对三种不同密度的泡沫混凝土开展微观结构测试。同时，采用 XRD 试验对不同龄期的泡沫混凝土试样的水化产物进行分析，得到以下结论。

（1）随着泡沫混凝土密度的增大，试件的孔隙率、最可几孔径和临界孔径均减小。不同密度混凝土试件中不同孔径的体积分数大致相同，中孔所占总体积的比例随着泡沫混凝土试件的密度增大而减小。

（2）泡沫混凝土密度越小，其内部孔隙数量越多，单个孔隙内初始缺陷和损伤越多。随着泡沫混凝土密度的增大，孔隙连接处的基质结晶越来越完整，结构越来越紧密。

（3）不同龄期的泡沫混凝土试样的 XRD 分析曲线上存在较为明显的五种矿物成分。随着龄期的增长，Aft 的峰值个数增多，而 $Ca(OH)_2$ 的峰值强度降低。

3.2　高温作用后泡沫混凝土结构及性能试验研究

泡沫混凝土由于自身高孔隙率、低密度的特点，很少直接用作承重结构；此外，在保证其完整性的前提下，在火灾中泡沫混凝土还应当起到阻绝热辐射的作用，因此对于泡沫混凝土在高温环境下的性能研究不应当局限于其力学性能，对于泡沫混凝土在高温热处理下的其他性能，如导热系数、吸水率、质量损失等均有必要进行系统的研究。

为深入研究不同密度泡沫混凝土在高温热处理后性能的衰减规律，结合现有研究成果[7, 8]，通过将自制的三种不同密度等级（500kg/m³，600kg/m³，750kg/m³）的泡沫混凝土在不同高温（100℃，200℃，400℃，600℃，800℃）条件下热处理后的质量损失、抗压强度、吸水率、微观孔结构等物理性质与常温（65℃）下的结果进行对比研究，得出泡沫混凝土在高温下性能的衰减规律，进而为应对泡沫混凝土在火灾中的性能衰减提供一定的指导。

3.2.1　试验方法

1. 试样制备

根据 JG/T 266—2011《泡沫混凝土》标准要求，为了便于测定试样的基本物理性能和力学特性，高温试验选用的试样尺寸为 100mm×100mm×100mm。

2. 高温试验

首先将试件放置于电热鼓风干燥箱中烘干至恒重，设计温度为65℃，如图3-18所示。持续烘干时间为 24h。此后，将试样取出放置于室内自然冷却 24h，室内环境保持为(20±1)℃、相对湿度(60±5)%。将样品编号分组后放入马弗炉内进行高温试验，升温速度为 10℃/min，如图 3-19 所示。达到设定温度恒温 2h 后，关闭马弗炉，令试样在炉内自然冷却至室温。本次试验共设计五种高温温度，分别为 100℃、200℃、400℃、600℃和 800℃。

图 3-18　电热鼓风干燥箱

图 3-19　马弗炉

3. 质量损失率测定试验

试件在高温试验前后分别称量质量，质量称取选用电子天平。仪器量程为1000g，称量精度为 0.01g。

泡沫混凝土质量损失率的计算公式为

$$\beta_{\mathrm{m}} = (m_0 - m_1) / m_0 \times 100\% \qquad (3.1)$$

式中，β_{m} 为质量损失率，%；m_0 为泡沫混凝土高温试验前的质量，g；m_1 为高温试验后的质量，g。

4. 强度损失率测定试验

将高温试验测试后的试样从高温马弗炉中取出称重，然后置于(20±1)℃、相对湿度(60±5)%的自然室内环境 24h 后，采用 SANS 微机控制电子万能试验机，如图 3-20 所示，按照 150N/s 的加载速率测定试样抗压强度。

图 3-20　SANS 微机控制电子万能试验机

同一密度的泡沫混凝土强度残余率的计算方法为

$$\beta_{\sigma}=(\sigma_{\mathrm{t}}-\sigma_{0})\times 100\% \tag{3.2}$$

式中，β_{σ} 为强度残余率，%，计算精确至 0.1%；σ_0 为 65℃烘干后测得的试件抗压强度，MPa；σ_{t} 为高温试验后测得的同一密度试件的抗压强度，MPa。

5. 吸水率测定试验

将高温试验后的试件冷却至常温后，放入水温为(20±5)℃的恒温水槽内，加水至试件高度的 1/3，保持 24h。再加水至试件高度的 2/3，24h 后，加水高出试件 30mm，保持 24h。将试件从水中取出，用湿布抹去表面水分，立即称取每块质量（m_{g}），精确至 1g。

吸水率的计算公式为

$$W_{\mathrm{R}}=\frac{m_{\mathrm{g}}-m_{0}}{m_{0}}\times 100\% \tag{3.3}$$

式中，W_{R} 为吸水率，%；m_0 为试件烘干质量，g；m_{g} 为试件吸水后的质量，g。

6. 微观孔结构测定试验

将高温作用后的试件冷却至常温后，使用 USB 电子显微镜观察其高温后孔结构的变化，放大倍数为 50 倍，如图 3-21 所示。

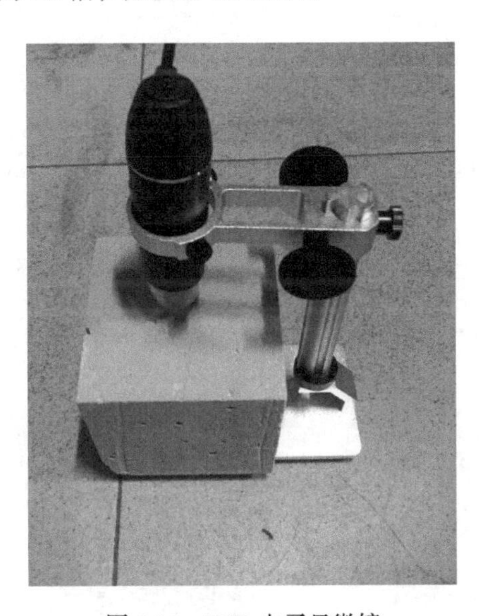

图 3-21　USB 电子显微镜

3.2.2 结果分析

1. 宏观形貌

由于各种物理化学反应的发生，高温后泡沫混凝土试件的颜色、表面裂缝、碎裂情况及受压时的破坏形式均会发生不同程度的变化。因此，通过对其宏观形貌的观察对比，分析其变化规律，可大致判定火灾温度，为泡沫混凝土的结构受损程度判定提供一定的指导。本试验采用拍照的形式记录了密度等级为 500kg/m^3、600kg/m^3 和 750kg/m^3 的泡沫混凝土分别在 65℃、100℃、200℃、400℃、600℃和 800℃高温作用后的试件宏观形貌，如表 3-3 所示。

表 3-3　3 种不同密度泡沫混凝土在不同高温作用后的试件宏观形貌

温度/℃	500kg/m^3	600 kg/m^3	750 kg/m^3
65			
100			
200			
400	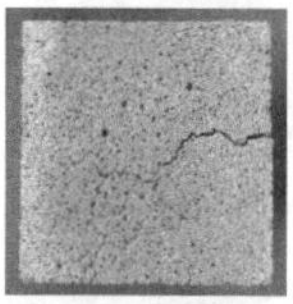	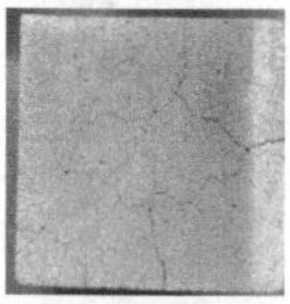	
600		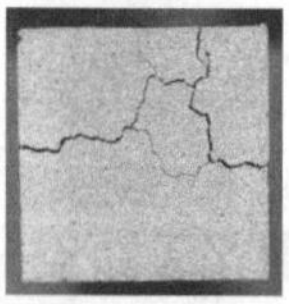	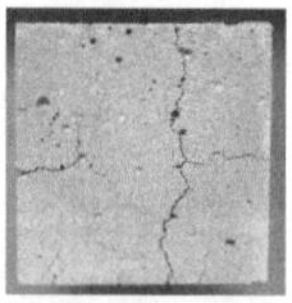
800		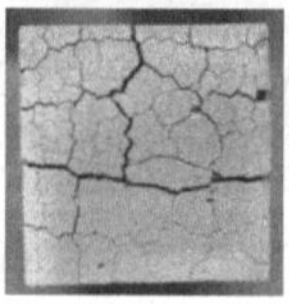	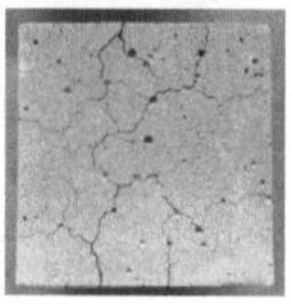

对比表 3-3 中不同温度下泡沫混凝土表面的宏观形貌可以发现，当温度为 100℃时，试件表面基本不发生变化。当温度升到 200℃时，不同密度等级的泡沫混凝土表面呈现灰白的颜色，会出现轻微的细纹。试件密度为 500kg/m^3 时，细纹呈长条形，长度几乎覆盖了试件的整个宽度。随着密度的增大，试件的细纹变浅，且越往试件边缘细纹越明显。当高温作用的温度为 400℃时，试件均出现较为明显的裂缝，裂缝从试件边缘往内部发展。在 600℃时，试件表面的颜色微黄，试件表面上出现清晰可见的网状裂缝，裂缝宽度达到 2mm。当温度上升到 800℃时，三种不同密度泡沫混凝土的表面均呈现出明显的焦黄色，试件表面出现十分明显的裂缝。试件表面较宽的裂缝构成大网格，在其内部发展了很多网状的细裂缝，总体裂缝形态类似于蜂巢状。密度为 500kg/m^3 的泡沫混凝土试件几乎要裂开，试件表面的裂缝最宽达到 5mm，试件几乎失去全部承载力。

三种密度泡沫混凝土试件在高温作用后的抗压破坏形式如表 3-4 所示。从表中可看出，随着温度的升高，试件破坏后的形态越来越碎，试件表面剥落现象更加明显。当温度为 800℃时，几乎三种密度的试件都由外部宽裂缝扩散至破碎，类似“压酥”。试件破坏后的剩余部分如图 3-22 所示，可以看出，此时试件内部疏松，几乎已呈现为粉末状态。

表 3-4　泡沫混凝土在不同高温作用后的试件破坏形式

温度/℃	500kg/m^3	600 kg/m^3	750 kg/m^3
65			
100			
200			
400			

续表

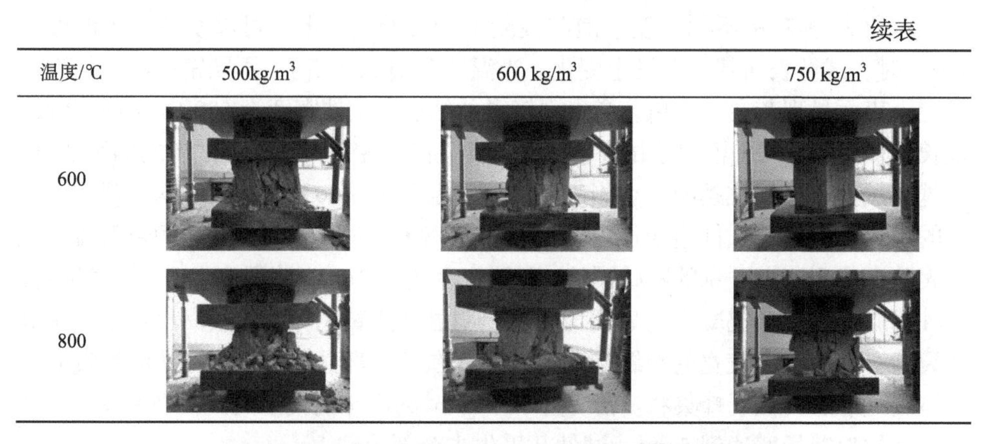

温度/℃	500kg/m³	600 kg/m³	750 kg/m³
600			
800			

图 3-22　三种密度试件在 800℃高温作用后试件的破碎形态

在表面裂缝和破坏形式方面，三种密度等级的泡沫混凝土表现较为一致。当温度较低时，试件表面无明显裂缝出现，破坏形式为内部的微裂缝扩展至试件整体破坏。在 400℃时，试件表面开始出现较为明显的细裂缝，破坏形式为外部细裂缝扩散至破裂。当温度达到 600℃时，试件表面均出现大量网状细裂缝，破坏形式为较多外部细裂缝呈网状扩散至破坏。而在 800℃时，各密度等级的泡沫混凝土试件均出现贯穿性的宽裂缝，破坏形式为外部宽裂缝扩散至破碎。

2. 质量损失率

混凝土在高温情况下会发生水分的逸出和水化产物的分解，伴随着这些反应，混凝土的质量会发生一定变化。泡沫混凝土水灰比和含水率更高，因此其在高温热处理后的质量变化势必与普通混凝土有所不同，因此有必要对其高温热处理前后的质量损失进行分析。考虑到成型的泡沫混凝土试件质量有所波动，每块泡沫混凝土在放入电阻炉进行高温试验前均称量质量并在高温试验自然冷却之后再次称量试件的质量，通过计算得到每组试件的质量损失率进行分析。不同高温作用后试件的质量损失率如表 3-5 所示。

表 3-5　三种密度泡沫混凝土在不同高温作用后质量损失率变化

温度	质量分析项	500 kg/m^3			600 kg/m^3			750 kg/m^3		
100℃	高温前质量/g	489.14	502.98	500.78	597.28	596.70	593.08	751.82	741.22	744.38
	高温后质量/g	469.03	475.59	473.74	574.32	573.75	570.67	728.37	721.16	722.14
	质量损失/g	20.11	27.39	27.04	22.96	22.95	22.41	23.45	20.06	22.24
	质量损失率/%	4.11	5.45	5.40	3.84	3.85	3.78	3.12	2.71	2.99
	质量损失率平均值/%		4.99			3.82			2.94	
200℃	高温前质量/g	492.15	488.56	496.60	593.03	588.61	590.17	726.70	750.58	738.85
	高温后质量/g	433.31	432.86	436.3	533.93	529.65	531.33	672.15	687.82	678.93
	质量损失/g	58.84	55.70	60.30	59.10	58.96	58.84	54.55	62.76	59.92
	质量损失率/%	11.96	11.40	12.14	9.97	10.02	9.97	7.51	8.36	8.11
	质量损失率平均值/%		11.83			9.98			7.99	
400℃	高温前质量/g	495.40	490.33	498.77	592.36	590.58	596.99	723.64	718.99	725.68
	高温后质量/g	416.79	416.09	418.84	512.52	512.13	515.51	635.64	627.11	638.73
	质量损失/g	78.61	74.24	79.93	79.84	78.45	81.48	88.00	91.88	86.95
	质量损失率/%	15.87	15.14	16.03	13.48	13.28	13.65	12.16	12.78	11.98
	质量损失率平均值/%		15.68			13.47			12.31	

续表

温度	质量分析项	500 kg/m³			600 kg/m³			750 kg/m³		
600℃	高温前质量/g	496.07	493.34	491.64	585.21	582.90	584.12	730.30	727.31	732.08
	高温后质量/g	366.59	367.13	363.28	439.76	438.90	440.46	572.83	573.10	574.62
	质量损失/g	129.48	126.21	128.36	145.45	144.00	143.66	157.47	154.21	157.46
	质量损失率/%	26.10	25.58	26.11	24.85	24.70	24.59	21.56	21.20	21.51
	质量损失率平均值/%		25.93			24.72			21.42	
800℃	高温前质量/g	497.09	496.82	498.08	588.76	583.30	589.76	731.53	725.71	733.02
	高温后质量/g	345.59	343.13	340.28	413.76	411.59	410.46	524.83	521.10	522.62
	质量损失/g	151.50	153.69	157.80	175.00	171.71	179.30	206.70	204.61	210.40
	质量损失率/%	30.48	30.93	31.68	29.72	29.44	30.40	28.26	28.19	28.70
	质量损失率平均值/%		31.03			29.85			28.38	

图 3-23 为三种不同密度的泡沫混凝土在不同高温作用后的质量损失率。从图中可以看出，随着温度的升高，泡沫混凝土质量损失均呈现增加的趋势，但不同密度等级的泡沫混凝土质量损失表现略有不同。在 400℃以前，低密度的泡沫混凝土质量损失随温度升高增长更快，质量损失也更大。当温度达到 800℃时，各密度等级的泡沫混凝土质量损失率趋于一致，均达到 30%左右。

在 100℃时，500kg/m³ 的泡沫混凝土质量损失率已达到 4.99%。200℃时，500kg/m³ 的泡沫混凝土质量损失率已经达到 10%以上，而 750kg/m³ 的泡沫混凝土质量损失率则不超过 8%，这主要是因为低密度的泡沫混凝土在配合比设计中引入的泡沫量较多，实际水灰比更大，水化程度更高，因此结合的水分更多。此外，低密度的泡沫混凝土孔隙率更高，更利于水分的快速蒸发，因此在相同受热温度

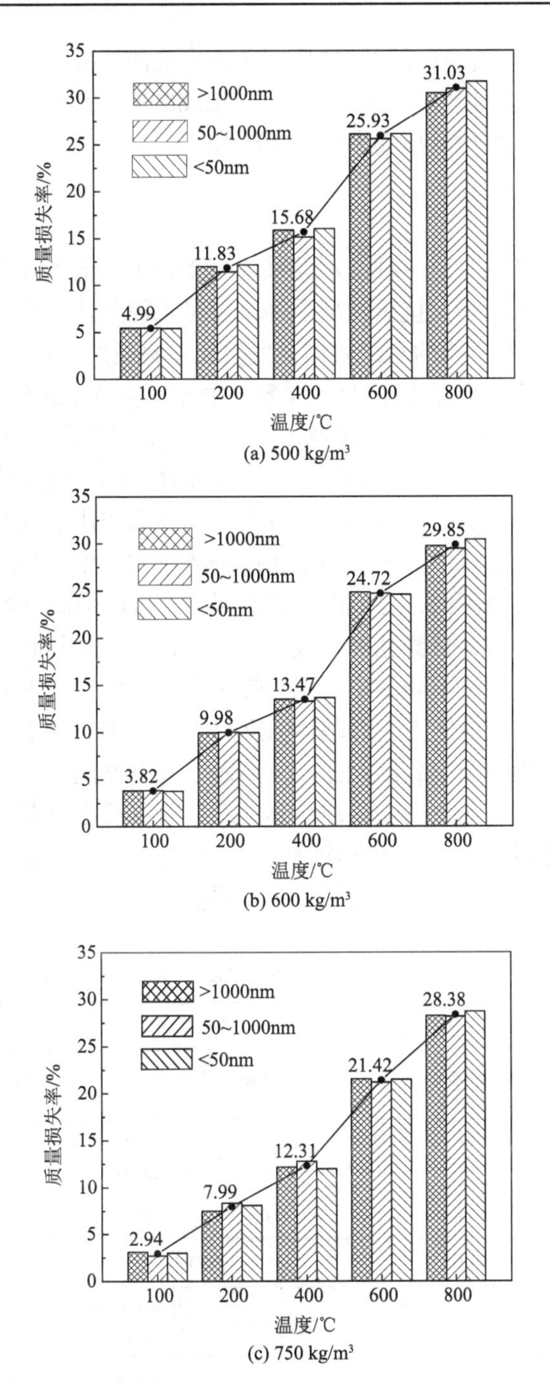

图 3-23　三种不同密度泡沫混凝土在不同高温作用后的质量损失率变化

下其质量损失率较大。在 450℃氢氧化钙开始分解以后，不同密度的泡沫混凝土质量损失开始趋于一致。在 600℃以后，各密度泡沫混凝土内水分蒸发和水化产物分解基本完成，质量损失率均在 20 以上。在 800℃时，各密度等级泡沫混凝土水化产物完全分解，其质量损失率均为 30%左右。

3. 抗压强度

泡沫混凝土可被认为是一种由水泥浆体、骨料（气泡）和孔隙组成的三相材料。通常来说，泡沫混凝土抗压强度下降主要是水泥浆体的性能劣化导致的，在高温条件下，泡沫混凝土内的水泥浆体会发生化学物质的降解和力学性能的退化。其中化学降解一般从 90℃开始，此时混凝土中先发生 Aft 的分解，之后在 110℃左右水泥浆体中的化学结合水开始逸出，浆体中起主要黏结和承重作用的物质 C-S-H 开始减少。当温度达到 450℃时，水泥浆体中的氢氧化钙开始分解。温度继续升高到 700℃以上，碳酸钙也开始分解。而高温作用下混凝土中水泥浆体的力学退化一般是由自由水的蒸发和温度场的分布不均产生的热应力形成的微裂缝引起的，而且在一定范围内，力学退化才是混凝土抗压强度下降的主要原因。

对泡沫混凝土而言，自身孔隙率较大，自身抗压强度不高，抵御微裂缝扩展的能力不强，导致其强度下降的主要因素除了化学降解、力学退化外，还应当包括自身抵御微裂缝扩展的能力，即基体强度。表 3-6 为三种不同密度泡沫混凝土在高温作用后的强度残余率数据，图 3-24 展示了三种不同密度泡沫混凝土在不同高温作用后抗压强度残余率的变化趋势。从图中可以看出，在不同高温作用后，各密度等级的泡沫混凝土抗压强度均呈现下降趋势，且下降幅度大致与密度等级有关，但具体表现随密度等级不同而有所不同。

表 3-6　三种密度泡沫混凝土在不同高温作用后的抗压强度残余率

密度/（kg/m^3）	65℃	100℃		200℃	
	强度/MPa	强度/MPa	强度残余率/%	强度/MPa	强度残余率/%
500	1.61	1.44	89.00	1.25	77.69
600	1.92	1.75	90.83	1.55	80.48
750	2.44	2.31	94.79	2.10	86.15

密度/（kg/m^3）	400℃		600℃		800℃	
	强度/MPa	强度残余率/%	强度/MPa	强度残余率/%	强度/MPa	强度残余率/%
500	1.15	71.33	0.54	33.77	0.19	11.87
600	1.43	74.18	0.76	39.69	0.26	13.70
750	1.96	80.47	1.35	55.52	0.45	18.30

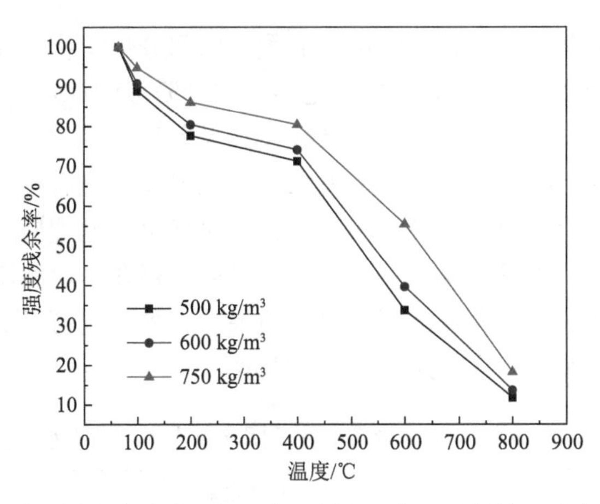

图3-24　三种不同密度泡沫混凝土在不同高温作用后的抗压强度残余率变化

这是因为低密度的泡沫混凝土泡沫掺入量大，含水率较高。加之孔隙率较高，加入密度为500kg/m^{3}的泡沫混凝土在100℃左右后强度即出现了明显下降趋势，因此在100℃时自由水逸出速率相对较快，基体产生微裂缝，使得强度下降较为明显。而密度为750kg/m^{3}的泡沫混凝土抗压强度在100℃则无明显下降。在100～200℃水泥基体内的Aft和C-S-H凝胶开始分解，使得基体自身的微裂缝进一步扩展，此时不同密度的泡沫混凝土强度均出现较为明显的下降。随着温度的进一步上升，混凝土内水分不断逸出，其基体内的化学结合水也不断逸出，使得基体表面的微裂缝不断生成和扩大。在200～400℃区间内，不同密度的泡沫混凝土仍有较高的强度残余率，均大于70%。造成此现象的原因除含水率的不同外，基体自身的强度也有较大影响，泡沫混凝土相比普通混凝土孔隙率又相对较大，不会出现爆裂现象，抵御微裂缝扩展的能力相对较强，因此在此区间内强度下降较为平缓。在450℃以后，水泥基体内的$Ca(OH)_2$开始分解，基体的完整性开始遭到破坏，因此泡沫混凝土的强度开始明显下降。此时$Ca(OH)_2$分解还不够完全，因此高密度750kg/m^{3}的泡沫混凝土在强度上表现不明显，但密度为500kg/m^{3}和600kg/m^{3}时已经有了较为明显的下降，混凝土强度已经下降到50%以下。当温度达到600℃时，$Ca(OH)_2$已分解大半，此时各密度的泡沫混凝土强度均开始出现大幅下降，密度为500kg/m^{3}和600kg/m^{3}的泡沫混凝土已经接近碎裂，抗压强度残余率已低至30%。在800℃时，由于$CaCO_3$的分解，不同密度的泡沫混凝土表面均出现明显裂缝，所有试件的强度残余率均不足20%。

4. 吸水率

作为一种多孔水泥基材料，泡沫混凝土的吸水率在很大程度上反映了其耐久性和孔结构的优良与否。影响泡沫混凝土吸水率的因素主要有泡沫混凝土自身的含水率、泡沫混凝土内连通孔的数量及混凝土内部分化学物质在某些情况下的再水化。其中，泡沫混凝土内连通孔主要是由于成型阶段泡沫从浆体中逸出形成的，影响该过程的因素包括水灰比、密度等级和含水率等。

在高温情况下，泡沫混凝土迅速失水，水泥浆体内化学物质分解，孔结构遭到破坏，吸水率可能有较大改变，因此有必要对高温热处理后的泡沫混凝土的吸水率进行系统研究。考虑到高温后泡沫混凝土可能存在一定程度的体积损伤，本试验选取了质量吸水率作为吸水率的研究结果。三种不同密度的泡沫混凝土在不同高温作用后的吸水率变化数据如表 3-7 所示。

表 3-7 三种密度泡沫混凝土在不同高温作用后的吸水率变化

密度/（kg/m³）	吸水率/%					
	65℃	100℃	200℃	400℃	600℃	800℃
500	34.40	37.20	40.10	46.30	61.20	68.00
600	29.60	32.70	34.20	38.70	58.80	64.10
750	22.70	25.40	27.50	32.50	56.70	65.20

图 3-25 为不同密度的泡沫混凝土在不同温度作用后的质量吸水率。由图可知，在 65℃条件下，不同密度的泡沫混凝土吸水率不同，具体表现为密度级别越低的泡沫混凝土吸水率越高。这是因为不同密度的泡沫混凝土孔隙率不同，密度越低的泡沫混凝土的孔隙率越大，同时在成型过程中泡沫掺入量更大，气泡液膜的包裹层也相对较薄。因此，凝结过程中形成连通孔的概率增加，更利于水分的渗入。此外，低密度的泡沫混凝土水化程度高，基体内毛细孔数量也较多，会引起吸水率的增大，因此在 65℃条件下低密度的泡沫混凝土吸水率会较高。

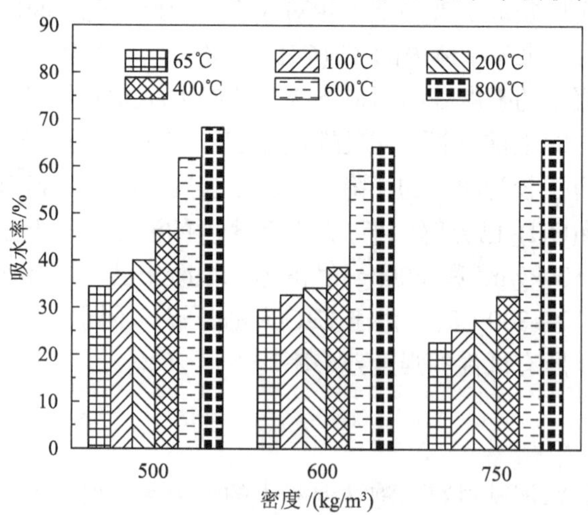

图 3-25 三种不同密度泡沫混凝土在不同高温作用后的吸水率变化

在高温阶段，泡沫混凝土的吸水率变化主要是由水泥基体的失水和孔结构的破坏引起的。在 400℃以前，泡沫混凝土质量吸水率随温度的增加幅度与密度等级成反比，即密度越低的泡沫混凝土吸水率增加越大，这与质量损失变化规律基本一致。说明在 400℃以前吸水率的增加主要是由水泥基体的失水造成的，此处还有部分吸收的水分可能参与了高温分解后 Aft 的再水化。在 400℃以后，泡沫混凝土的吸水率有了较大幅度的增加，这主要是因为 450℃以后 $Ca(OH)_2$ 开始分解，生成了 CaO，而 CaO 在冷却后会与水再次反应生成 $Ca(OH)_2$。600～800℃吸水率的再次增加则可能是 $CaCO_3$ 分解生成的 CaO 的再次水化所致。800℃以后各泡沫混凝土的吸水率趋于一致，这与质量损失及抗压强度试验结果趋于一致，说明此时各密度的泡沫混凝土内水化产物都已基本分解完毕，孔结构也已遭到彻底破坏。

5. 微观孔结构

孔隙结构是泡沫混凝土的重要特征之一，因此有必要针对不同高温作用后泡沫混凝土的孔隙结构变化进行研究。泡沫混凝土在高温下孔隙结构的破坏可能会以两种形式存在，一是由失水和温度差产生的热应力，导致泡沫混凝土孔隙孔壁破坏，具体表现为通孔数目增多、通孔率增加，二是水泥浆体的失水导致收缩，使得泡沫混凝土的孔隙变小，表现为孔径的缩小。

表 3-8 展示了不同密度泡沫混凝土在不同高温作用后微观孔隙结构的变化，放大倍数为 50 倍。从表中可以看出，在不同高温作用后，泡沫混凝土的孔隙孔径分布并无明显变化。随着温度的升高，泡沫混凝土破裂的孔隙数目有所增加，这说明高温对孔隙结构的破坏可能以引起孔壁的破损为主。泡沫混凝土在 100℃时已出现细纹，200℃时，多出现贯穿孔隙的细纹，细纹的宽度变大。随着温度的进一步升高，裂缝在长度和宽度上均进一步加深。密度为 500kg/m^3 的泡沫混凝土的基质开始变得松散。温度达到 600℃时，可明显观察到试件表面颜色发黄，裂缝不再是条状发展，而是在扩展过程中出现较多分叉方向，裂缝开始沿着整个表面方向扩展。当温度为 800℃时，试件孔隙之间的基质明显变得疏松，裂缝的宽度也进一步加大。

表 3-8　三种密度泡沫混凝土在不同高温作用后微观孔隙结构的变化

温度/℃	500 kg/m^3	600 kg/m^3	750 kg/m^3
65	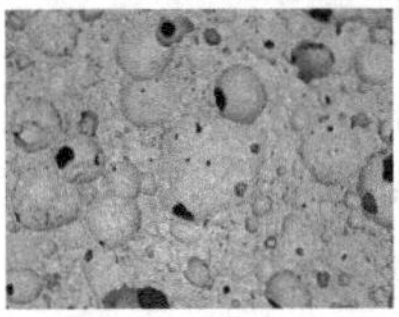	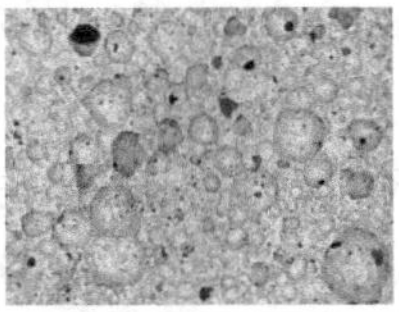	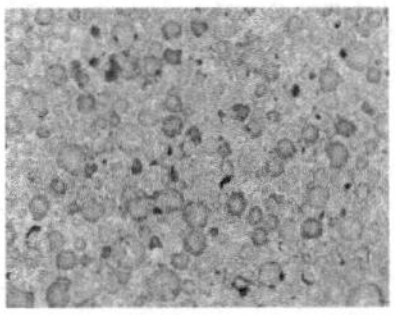

续表

温度/℃	500 kg/m³	600 kg/m³	750 kg/m³
100	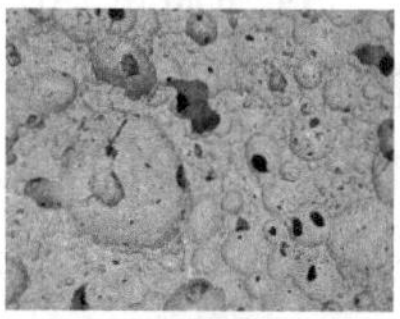	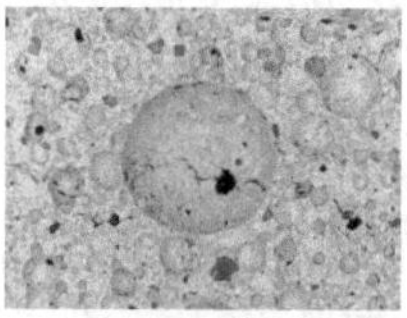	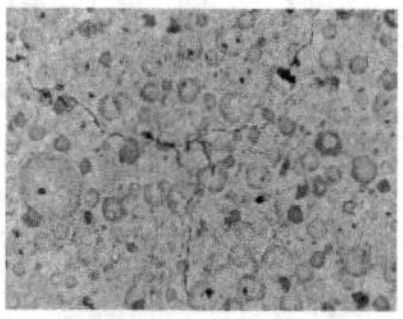
200	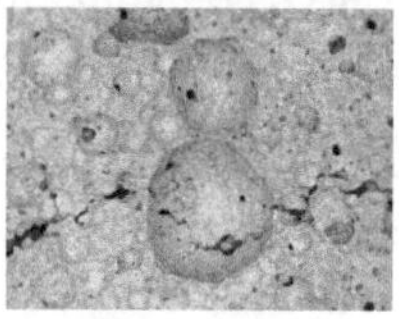	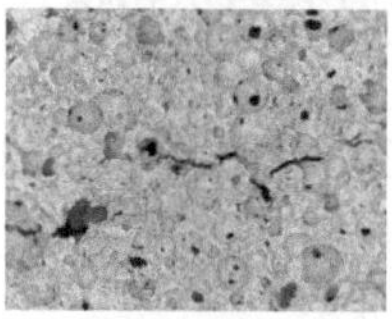	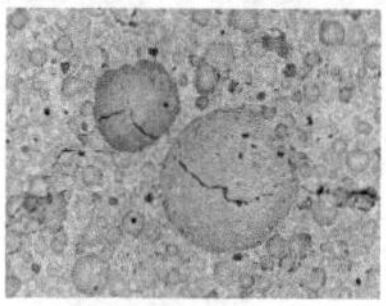
400	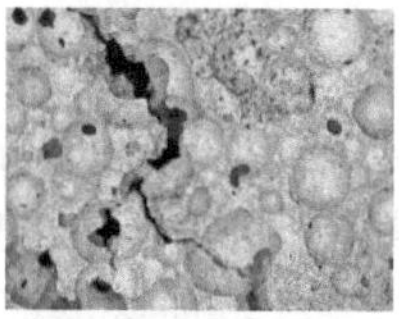	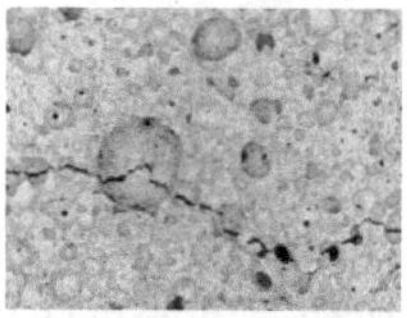	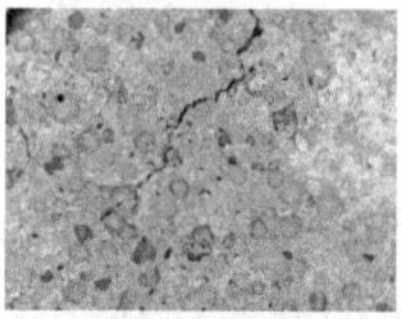
600	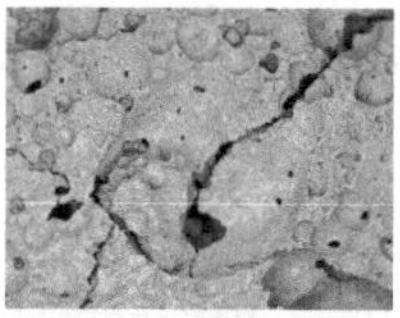	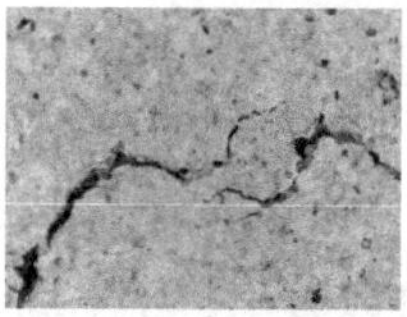	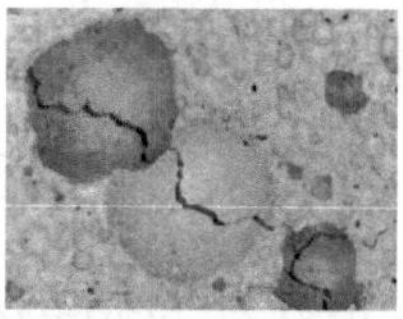
800	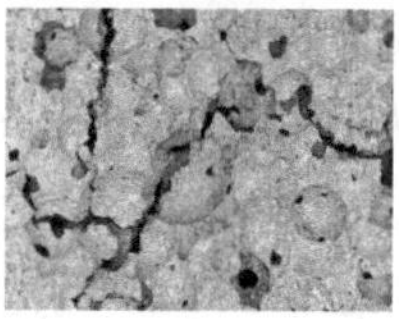	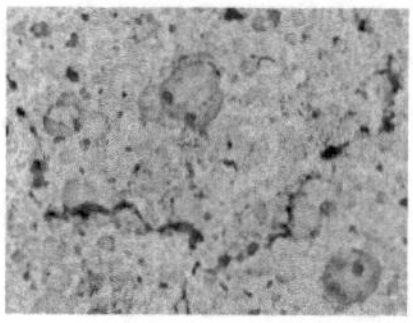	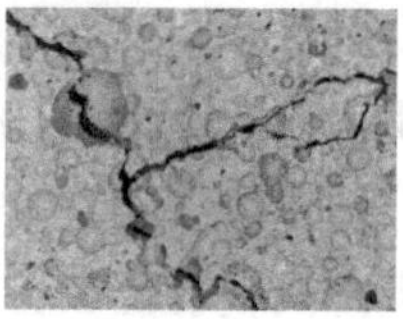

由表3-8还可以看出，随着温度的升高，各密度等级的泡沫混凝土开孔率均有所增加，且随着温度升高和密度增大，开孔率的增加幅度逐渐增加。造成此现象的原因是高温情况下泡沫混凝土内的水泥浆体失水收缩，化学产物分解，使得泡沫混凝土内的孔壁结构遭到破坏，形成了开孔，故泡沫混凝土的开孔率增加。随着温度的提升，泡沫混凝土内孔隙孔壁的破坏加剧，因此温度越高，开孔率越高。而密度等级越高的泡沫混凝土内水泥浆体所占比例越高，在高温时分解的水泥浆体越多，造成破裂的孔隙也就越多，因此其开孔率增加越多。

总体而言，温度对泡沫混凝土的孔隙结构破坏主要以水泥浆体受热失水、化学分解及热应力造成的孔壁破坏为主，其形式主要表现为开孔率的增加，且泡沫混凝土的密度等级越大，受热温度越高，则开孔率越大。

3.3　基于 DIC 与 FEM 的泡沫混凝土基本力学特性研究

3.3.1　试验方案

1. 试样制备

根据 JG/T 266—2011《泡沫混凝土》标准要求，为了便于测定试样的基本力学特性，选用的试样尺寸为 100mm×100mm×100mm 和 100mm×100 mm×400mm。

2. DIC 方法

DIC 是通过对物体表面的散斑图进行分析，获得物体对运动和变形描述的测量技术。DIC 方法是一种非接触式光测方法，对测量环境要求不高，原始数据采集简单，但灵敏度和计算精度都满足要求，可以在无损条件下测定混凝土试件在加载过程中的全场位移和变形场演化[9, 10]。DIC 方法自 20 世纪 80 年代提出后便得到迅速发展，由于精度较高，用于测量裂缝尖端开口角度和材料微裂缝的断裂行为。在试验中运用 DIC 方法对泡沫混凝土受力变形过程进行系统观测和分析。首先对试件进行处理，在经打磨过的试件侧表面喷洒一层白色底漆，然后用黑色漆均匀喷洒上散斑。散斑直径大概 0.5mm，约 7 个像素。将像素为 420 万、分辨率为 2048×2048 的相机用三脚架固定，垂直放置在距离混凝土试件侧面 1.5m 处，相机两边各有一个 LED 冷光灯作为光源。相机每秒采集 2 张照片，与试件加载过程同时开始，至试件破坏结束。运用 Vic-Snap 软件进行系统采集，运用 Vic-3D 系统进行标定，进行降噪工作。对比不同时刻的图像，可以得到试件表面每个点的位移，从而得到试件变形过程中的全场应变，其大致系统布置如图 3-26 所示。在处理过程中，每幅图像都由代表各像素点灰度值的离散方程进行描述，灰度值为 0～255 的数值，分别对应从黑到白的 256 个灰阶。将变形前的区域和变形后的区域分别划作子区，利用相关系数判断子区的相关性，相关系数公式如下：

$$C=\frac{\sum f(x,y)\cdot\sum g(x^*,y^*)}{\sqrt{\sum f^2(x,y)\sum g^2(x^*,y^*)}} \tag{3.4}$$

式中，$f(x,y)$ 和 $g(x^*,y^*)$ 分别为试件变形前和变形后的灰度分布函数，将参考图像的一小部分定义为参考子区，取相关系数最大值所在的位置作为目标子区，目标子区可以通过灰度分布进行搜索，然后将试件变形问题转化为坐标计算问题，利用变形后点的坐标减去变形前的坐标，从而确定目标子区各点的位移。

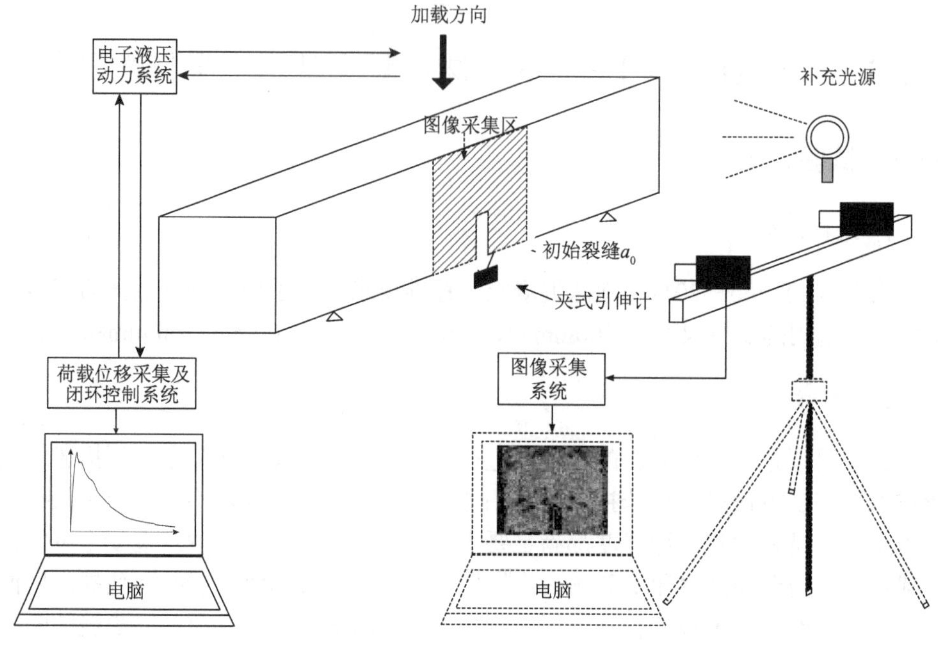

图 3-26　DIC 试验系统图

3. 试验程序

通过一台最大负载能力为 500kN 的闭环伺服控制 MTS 试验机进行单轴压缩试验，位移控制荷载的恒定速率为 1mm/min。通过这种方式，使用数据采集系统获得试样直至破坏的荷载-位移曲线。

本书采用 DIC-3D 软件对试件加载过程中的位移和应变进行测量。利用液压伺服 MTS 压力试验机开展三点弯曲试验。需要说明的是，此处的加载速率是万能试验机控制向下压缩的位移值，对不同密度的混凝土开展不同速率的加载试验。运用 DIC 方法观察试件表面的变形，同时运用声发射（AE）技术，在试件表面中心放置声发射探头一枚，用于对试验过程中的断裂发展进行监测，如图 3-27 所示。

图 3-27　试验装置图

在研究中，运用有限元软件（ABAQUS Unified FEA）来研究所提出的泡沫混凝土的性能。软件中，3D可变形固体用来表示立方体试件；而且在各种可选用的可适用于混凝土的建模程序的单元中，选择C3D8R单元作为通用单元，用以产生更好和更接近的试验验证结果。使用相应的特征对七个试件进行模拟。所有模型的泊松比为常数0.2。使用混凝土损伤塑性模型来反映标本的非弹性性能，其中各种模型的压缩行为从试验测试数据中提取，而拉伸行为从基于试验结果提出的经验公式中获得。

3.3.2　试验结果

1. 单轴压缩试验

对不同质量的泡沫混凝土开展不同加载速率下的单轴压缩试验，在试验中，不同的混凝土标号其含义由表3-9表示。不同工况下试件压缩试验荷载-位移曲线如图3-28所示。可以看出，密度高的泡沫混凝土具有较大的抗压强度，在峰值荷载下的压缩变形更大，而密度的降低会降低抗压承载力。此外，不同密度的泡沫混凝土对加载速率的敏感性有明显差异。

表3-9　混凝土试件标号含义

标号	符号含义
S5	密度500kg/m^3
S6	密度600kg/m^3
S7	密度750kg/m^3
L1	竖向位移增量速率0.001mm/s
L2	竖向位移增量速率0.01mm/s
L3	竖向位移增量速率0.1mm/s

不同密度泡沫混凝土的压缩荷载与压缩变形的关系如图3-28（a）所示，可以看到与普通混凝土的压缩全曲线相比，泡沫混凝土压缩过程有明显的差异，主要表现在峰后阶段。从图中可以观察到，泡沫混凝土在达到峰值荷载（P_{max}）后，由于局部失稳，承载力会产生陡然下降，但是并未完全丧失，混合物在之后阶段变形能力大大增强，在最后的软化阶段表现出一定的机械阻力，其承载力稳定在一个较高的承载水平（75%～80%P_{max}）。这可能是由于泡沫混凝土在内部有特殊的多孔结构，在受压过程中，由于内部微裂缝发展，微小孔隙结构破坏导

致孔隙闭合，试件产生压缩变形，这使得泡沫混凝土具有很好的变形性能和缓冲性能。

泡沫混凝土 S5 在 15～17kN 的荷载范围内开始破裂，S6 在 17～19kN 的范围内开始破裂，而 S7 泡沫混凝土在 28～30kN 内破裂，可以看到密度从 600 kg/m^3 上升至 700kg/m^3 时，泡沫混凝土的抗压强度有一个较大的提升。同时观察到 S7 的荷载-位移下降分支比 S5 陡峭。这与泡沫混凝土中水泥浆的性质相关。因此可得到结论，通过增加泡沫混凝土密度，其强度有所上升而其脆性也有所上升，泡沫混凝土内部宏观裂缝发展后承载力突然下降，但之后会维持在较高的荷载水平，而在剩余剪切带中的基质发生摩擦和互锁使得承载力仍然存在。

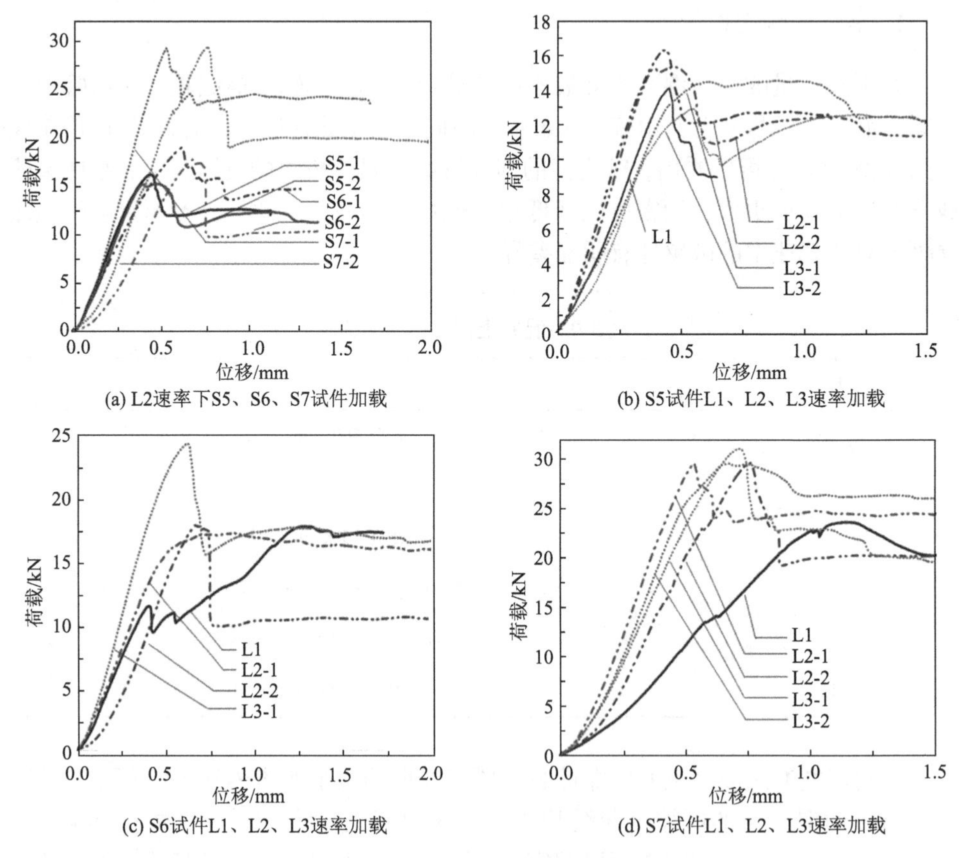

图 3-28　压缩试件荷载-位移关系曲线

对于标号为 S5 的泡沫混凝土试件，不同加载速率条件下的荷载-位移关系如图 3-28（b）所示。可以看出，加载速率的提升对其抗压承载力并无太大影响。在破坏后，大部分试件荷载陡然下降，然后承载力恢复稳定。这表明泡沫混凝土在整体性破坏、宏观裂缝产生后仍然具有很强的承载能力。对试件 S5 来说，速率的提升并没有提升强度，抗压能力反而有所下降，特殊的是试件 L3-2，其峰后承载力先下降然后有所回升，此现象可能是压实作用所引起的。观察其破坏面后发现（图 3-29（a）），其破坏面起伏较大，这说明该试件在破坏后，破坏面之间存在很大的咬合面积，在压缩过程中这些破坏面之间的摩擦力不断增强，从而使破坏后的抵抗力上升，产生了较强的峰后承载力。而其断裂面中大孔径的孔隙相对于其他试件要少，这可能是由其更强力的压实作用引起的。图 3-29（b）展示了试件 L2-1 加载后的破坏面形态，可以发现其断裂面较为平整，且其中存在很多大孔径的孔隙结构，这些孔隙结构使得泡沫混凝土内部容易产生应力集中，从而形成微观裂缝，裂缝不断发展最终形成大的贯穿性宏观裂缝。

(a) 试件L3-2

(b) 试件L2-1

图 3-29　S5 试件破坏形态

对试件 S6 来说，速率的效应较为明显，L1 条件下在达到峰值荷载时的变形最大，其变形远大于其他加载速率下的值，这表明在速率较低的压缩条件下，泡沫混凝土会不断地经历压实过程，其变形不断增大，承载力缓慢上升。图 3-28（a）中，速率 L2 条件下 S6 的峰值荷载为 19.17kN，曲线在峰后下降剧烈，内部裂缝发育后具有较强脆性，并出现了很明显的裂缝，如图 3-30（a）所示。相同速率下第二个试件峰值荷载为 17.01kN，与前一个试件不同的是其峰后延性较好，承载力缓慢下降，破坏模式主要表现为外部剥落，如图 3-30（b）所示。L3 条件下的压缩承载力很高，达到 24.13kN，峰后有失稳和承载力剧烈下降现象出现，然后承载力恢复稳定。破坏模式呈现出明显的贯穿缝。

对 S7 来说，速率效应非常明显，随着加载速率的提高，试件的抗压极限强度明显上升。L1 条件下，试件的延性很大，在位移为 1.155mm 时达到峰值，其破坏模式表现为外部的剥落，表面裂缝较少（图 3-31（a））。而 L2 条件下的试件峰值压缩位移为 0.5mm，峰值为 28～30kN，其破坏模式表现为较大的贯穿性斜裂缝

（图 3-31（b）），且其峰后曲线表现出较强的脆性，承载力先突然下降，后又恢复稳定。L3 速率下在 0.7mm 处达到峰值，在 30kN 附近，峰后表现出很强的脆性，且破坏后试件内裂缝几乎贯穿整个界面。

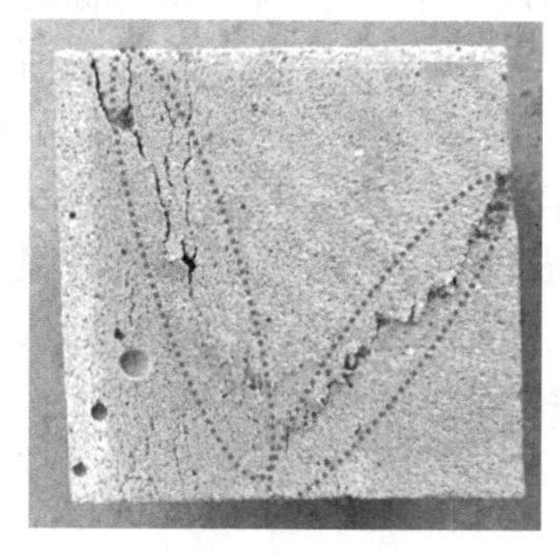

(a) 试件L2-1

(b) 试件L2-2

图 3-30　S6 试件破坏形态

(a) 试件L1-1

(b) 试件L2-2

图 3-31　S7 试件破坏形态

从破坏后的截面可以观察到，破坏面处有许多较大孔隙，试件断裂的模式有所不同：对于产生内部贯通裂缝的试件，在达到峰值后一般呈现较强的脆性，承载力陡然下降，而对于从边角处产生剥落破坏的破坏模式，其延性较好，且其峰值后强度下降较慢。

图 3-32 显示了各种不同密度的泡沫混凝土的弹性模量和最大抗压强度。弹性模量是根据应力-应变曲线的线性部分（低于极限强度的 40%）测量的。标号为 S7 的混凝土试件弹性模量在 L1 加载条件下最高，这是因为气泡含量较低，内部更致密，所以弹性模量较大。弹性模量随着密度的升高先降低后升高。

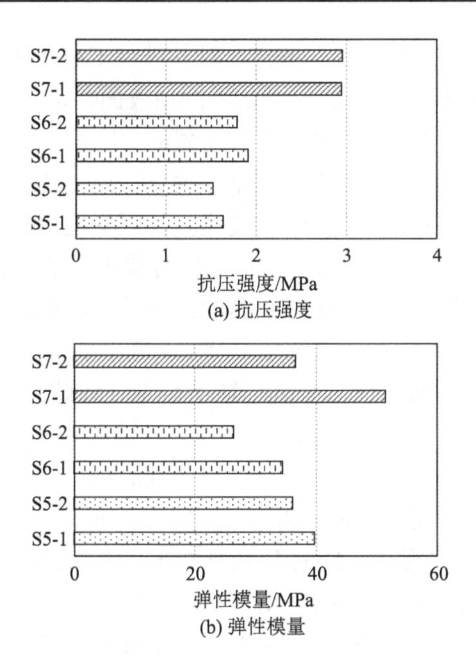

图 3-32　L2 加载速率下不同密度下试件抗压强度及弹性模量对比

2. 基于 DIC 的应变场量测

DIC 技术是一种简单且通用的方法，只需使用摄像机即可轻松地在对象表面上执行应变场分析。图 3-33 举例说明了标号为 S5 的试件的一个例子，在不同荷载下至峰值荷载点以及峰后的横向应变场（ε_{xx}）。指定了六个不同的点，在这些点上轴向应力-应变曲线发生了临界变化，并对其进行 DIC 分析。可以观察到，应变局部化区域在接近峰值时刻开始出现，在右下角出现了一道应变集中区域，然后沿其周围也开始出现裂缝，裂缝处于试件中偏下侧，这表明非线性变形始于极限荷载的 80%～90%。显然，从图像（2）开始，较大应变值存在的区域逐渐增加。在图像（3）和图像（4）上出现了裂缝开始不断增加的现象，宏观裂缝之间有一定联系，且间距为 10～20mm。裂缝区域的应变值不断增大，这说明试件内部的裂缝开始不断扩展，此时试件的承载力处在快速下降阶段，试件在裂缝出现的阶段表现出较强的脆性。在图像（5）和图像（6）上，试件的裂缝没有再增加，裂缝区域应变值继续增大，而右侧的主裂缝区域开始增长。这个阶段内，试件的位移不断增大而承载力略微增长。DIC 结果表明，该阶段试件处于变形增大阶段，但是裂缝数量并未增长，此时试件内部的裂缝使内部产生相应的协调变形，而裂缝界面的接触互锁使得试件的阻抗力保持稳定甚至有所上升。

值得一提的是，一些不能避免的试验条件带来的误差（如试样的表面光滑性不足）可能会影响测试程序，最终导致结果的某些变化。同样，对标号为 S6 的试件在轴向应力-应变曲线上指定了一些点，对其进行了应变场测量。该样品的顶表面大致光滑，因此加载压板完全覆盖了试样的顶表面，荷载均匀地分布在表面上。从图 3-34（1）～（3）中可以看出，随着荷载的不断增加，试件表面部分区域出现了应变集中，主要出在试件中部偏右侧，深色高应变点较为集中，在（4）～（6）区域试件左上方突然出现一条明显的主裂缝。其应变值超过了原来右侧的裂缝，但仍能观察到图像中浅色的应变集中区域。从荷载-位移曲线上看，该突然出现的裂缝是由于试件内部的失稳，随着该裂缝的出现，试件承载力断崖式下跌，然后试件承载力保持稳定。这说明随着密度的增加和脆性的增加，试件的破坏模式发生变化，原有缓慢扩张形成的分散裂缝可能不再是导致试件失稳破坏的主要原因，而是由加载过程中产生的贯穿裂缝造成的。

同样的情况发生在标号为 S7 的试件中，如图 3-35 所示，在加载过程中，随着荷载增加，试件并未产生明显的裂缝，应变场分布较均匀，但是随着荷载达到峰值荷载，一条主裂缝出现在试件的右上侧部分，而试件的承载力开始快速下降。随着变形的增加，右上侧的主裂缝不断发展，并与下侧向上发展的裂缝产生相互的影响和联结现象。如图像（3）和（4）中，主裂缝首先发展到试件中部以下，然后由于从裂缝右侧边界向上发展的裂缝影响，其下侧的部分裂缝开始闭合，主裂缝上侧部分开始与右侧裂缝结合，最终形成一条完整裂缝，如图像（6）所示。

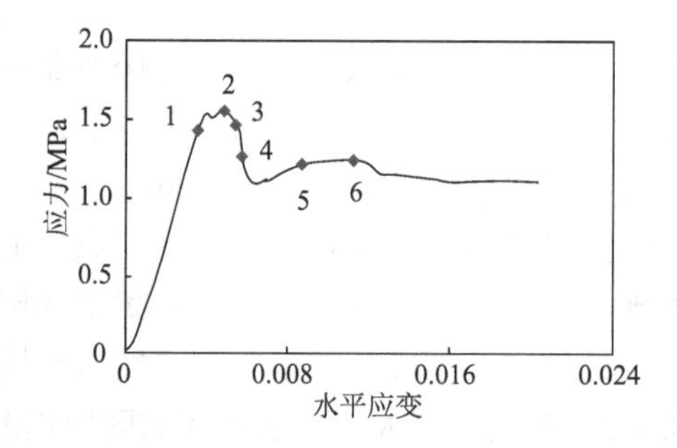

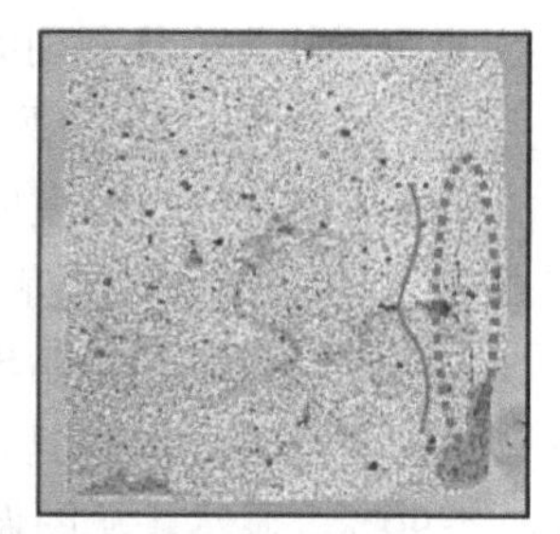

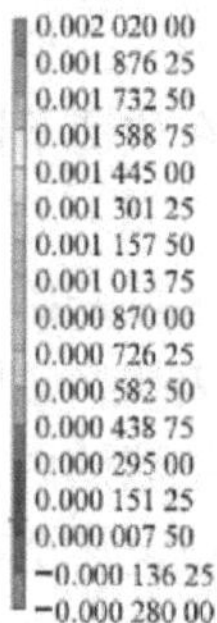

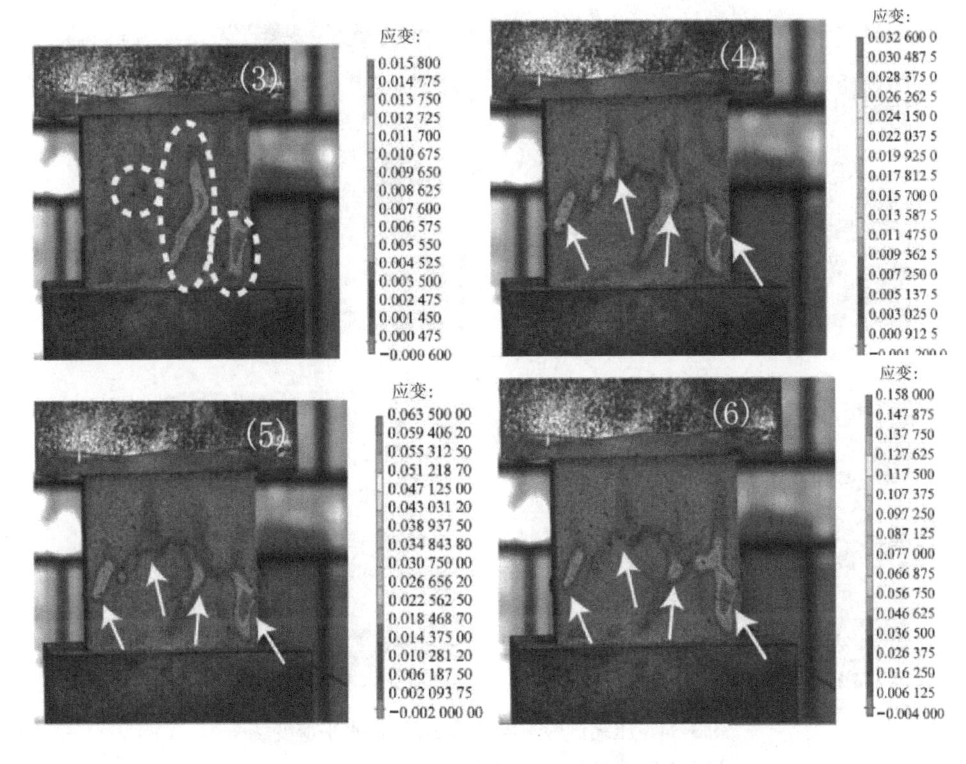

图 3-33　压缩试验不同阶段 S5 试件水平应变场

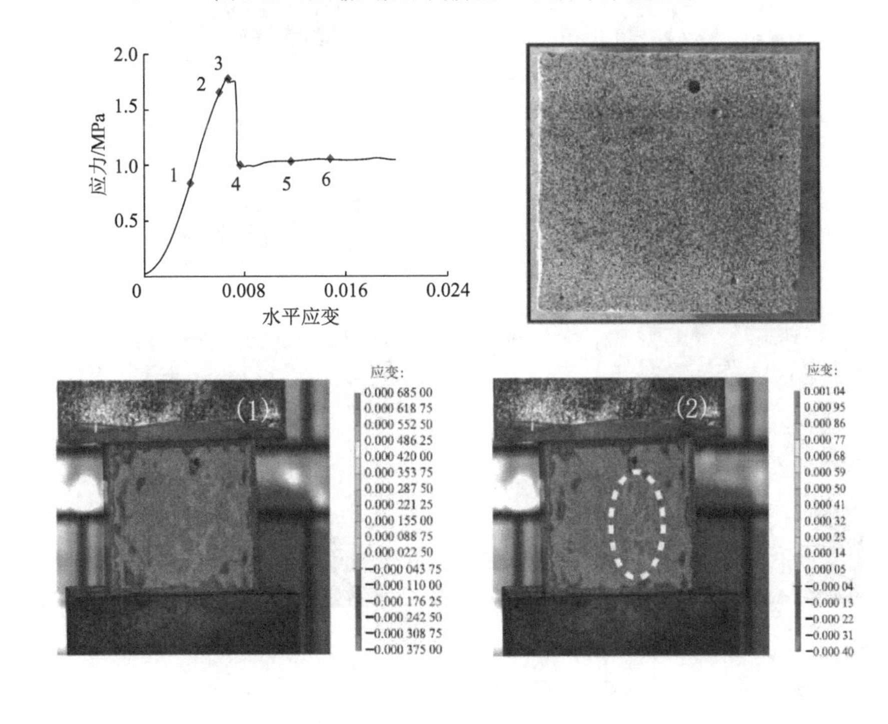

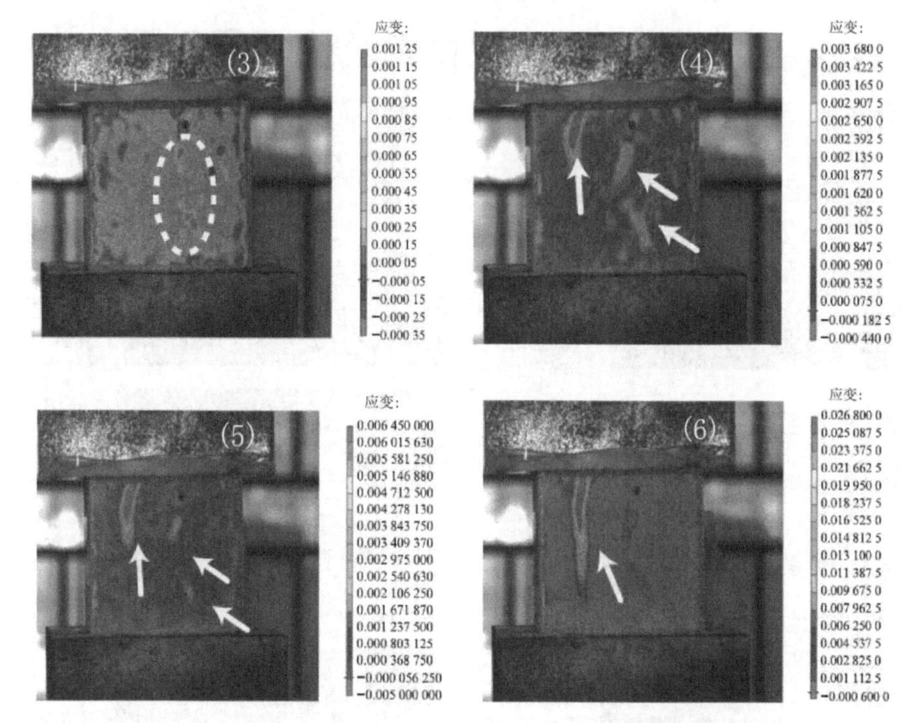

图 3-34　压缩试验不同阶段 S6 试件水平应变场

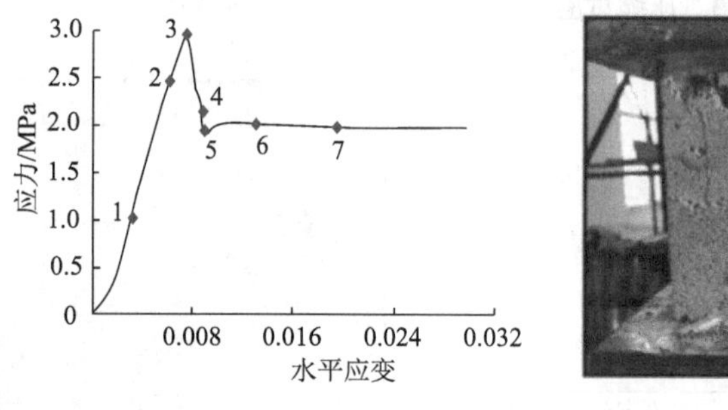

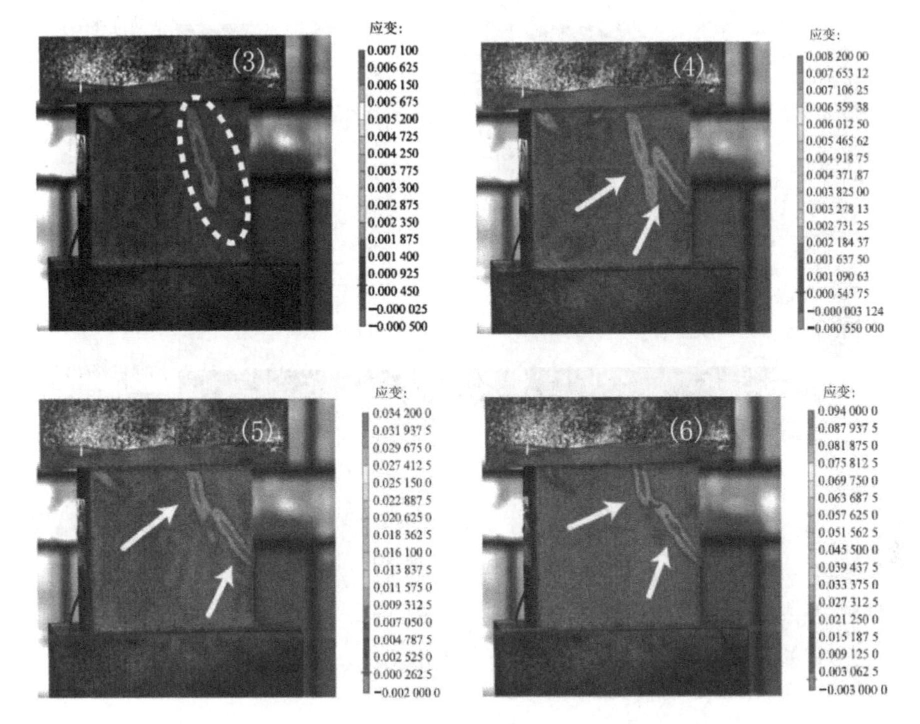

图 3-35　压缩试验不同阶段 S7 试件水平应变场

3. 基于 FEM 模拟与 DIC 结果对比

通过有限元建模，模拟混凝土立方体试件在单轴压缩下的变形场分布，比较 DIC 和 FEM 的结果，并评估 DIC 方法的正确性和局限性，考虑对标号为 S5 的试件进行说明，因为该样本具有较少的 DIC 噪点数据。图 3-36 分别显示了样品的表面位移（横向（U）和轴向（V））、横向正应变（ε_{xx}）和剪应变（ε_{xy}）。从 DIC 和 FEM 得到的结果可以清楚地观察到良好的一致性。与 S5 试件样品相似，其他密度的 FEM 位移和应变基本接近 DIC 值，表明基于压缩试验得到的 DIC 数据接近理论变形场。因此可以得到结论，这种 DIC 方法可以用于验证和调整所提出的有限元模型。同样，作为材料特性研究方法的 DIC 和 FEM 方法可以同时应用在此类研究中，以更好地说明在损伤引发阶段以及失效时所需的材料特性。另外，应该注意的是，DIC 方法得到的位移和应变场之间存在一些差距，这是由于在模拟中将材料可视为均质材料，而实际的泡沫混凝土为非均质材料，应该在之后的工作中进行优化，使其更接近真实的情况。

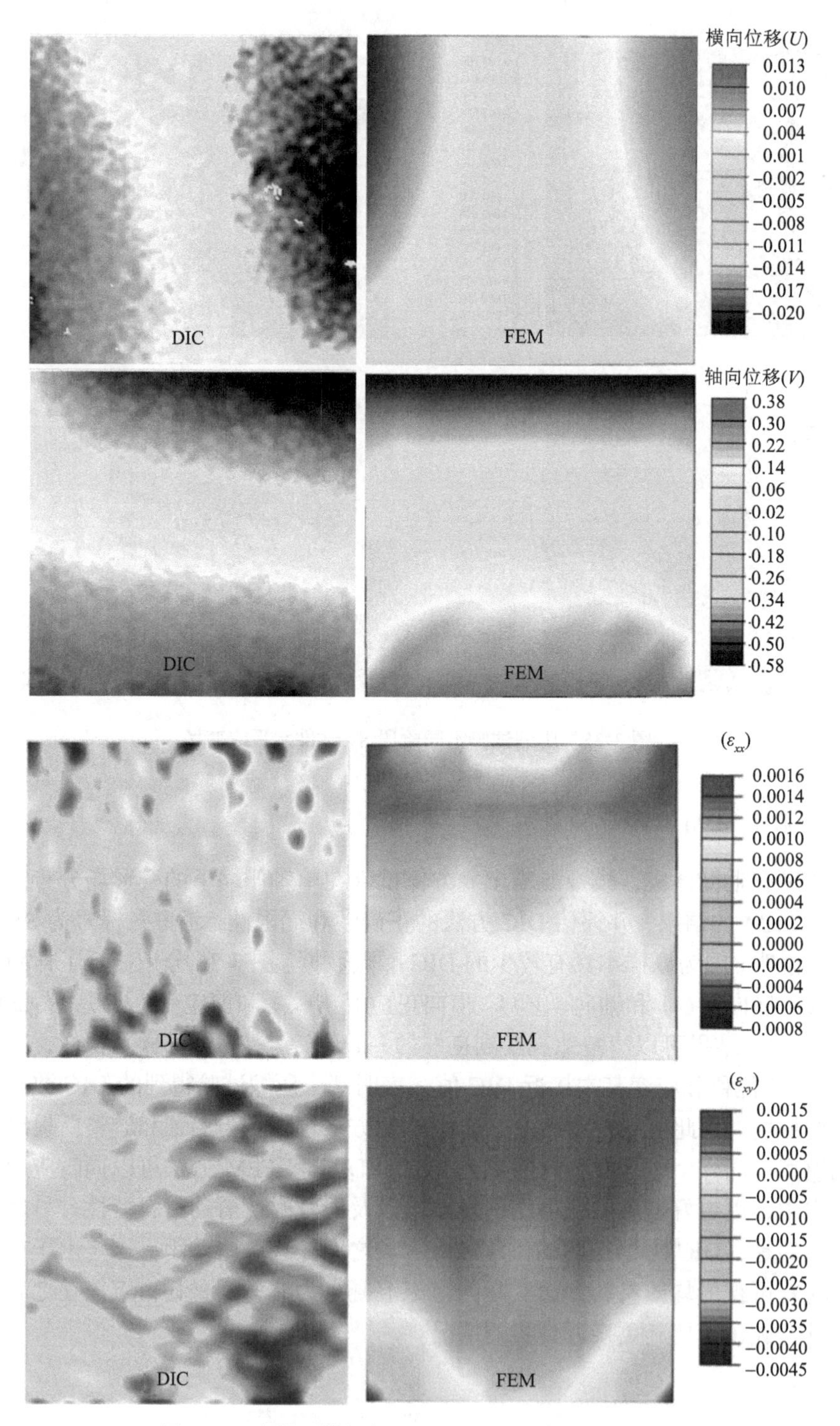

图 3-36　有限元模拟与 DIC 分析得到的变形场对比

3.3.3 结果分析

针对三种不同密度的泡沫混凝土进行了不同加载速率的单轴压缩试验研究，采用 DIC-3D 软件对试件加载过程中的位移和应变进行测量，DIC 方法观察试件表面的变形，同时运用声发射（AE）技术，对试验过程中的断裂发展进行监测，运用有限元软件（ABAQUS Unified FEA）来研究所提出的泡沫混凝土性能，得到主要结论如下。

（1）根据不同工况下试件压缩试验荷载-位移曲线发现，密度高的泡沫混凝土具有较大的抗压强度，在峰值荷载下的压缩变形更大，而密度的减小会降低抗压承载力。

（2）不同密度的泡沫混凝土对加载速率的敏感性有明显差异。对于 500kg/m^3 的泡沫混凝土，加载速率提升对其抗压承载力并无太大影响；对于 600kg/m^3 的泡沫混凝土试件，速率效应较为明显，在速率较低的压缩条件下，泡沫混凝土变形不断增大，承载力缓慢上升；对于 750kg/m^3 的泡沫混凝土试件，速率效应非常明显，随着加载速率的提高，试件的抗压极限强度明显上升。

（3）泡沫混凝土具有很好的变形性能和缓冲性能。泡沫混凝土在达到峰值荷载（$P_{\max}$）后，由于局部失稳，承载力会陡然下降，但是并未完全丧失，混合物在之后阶段其变形能力大大增强，在最后的软化阶段表现出一定的机械阻力，其承载力稳定在一个较高的承载水平（75%～80%$P_{\max}$）。

（4）运用 DIC 技术执行应变场分析，分析在不同荷载下至峰值荷载点以及峰后的横向应变场（ε_{xx}）。通过有限元建模，模拟混凝土立方体试件在单轴压缩下的变形场分布，比较 DIC 和 FEM 的结果，评估 DIC 方法的正确性和局限性，从 DIC 和 FEM 得到的结果可以清楚地观察到良好的一致性。说明 DIC 方法可以用于验证和调整所提出的有限元模型。

参 考 文 献

[1] Kunhanandan Nambiar E K, Ramamurthy K. Influence of filler type on the properties of foam concrete. Cement and Concrete Composites, 2005, 28(5): 475-480.

[2] Visagie M, Kearsely E. Properties of foamed concrete as influenced by air-void parameters. Concrete/Beton, 2002, (101): 8-14.

[3] Hilal A A, Thom N H, Dawson A R. On void structure and strength of foamed concrete made without/with additives. Construction and Building Materials, 2015, 85: 157-164.

[4] Yu X G, Luo S S, Gao Y N, et al. Pore structure and microstructure of foam concrete. Advanced Materials Research, 2011, 177: 530-532.

[5] Rose L D, Morris J. The influence of the mix design on the properties of micro-cellular concrete[C]//International Conference on Specialist Techniques and Materials for Concrete

Construction，London, 1999.

[6] Clark H B. Microstructural changes in concretes with sulfate exposure. Cement and Concrete Composites, 2004, 26(8): 993-999.

[7] Tian H M, Chen W Z, Yang D S, et al. Experimental and numerical analysis of the shear behavior of cemented concrete-rock joints. Rock Mechanics and Rock Engineering, 2015, 48(1): 213-222.

[8] Tan X, Chen W, Wang J, et al. Influence of high temperature on the residual physical and mechanical properties of foamed concrete. Construction and Building Materials, 2017, 135(15): 203-211.

[9] 时金娜, 赵燕茹, 郝松, 等. 基于 DIC 技术的高温后混凝土变形性能. 建筑材料学报, 2019, 22(4): 584-591.

[10] Dai S, Liu X, Nawnit K. Experimental study on the fracture process zone characteristics in concrete utilizing DIC and AE methods. Applied Sciences, 2019, 9(7): 1346-1357.

第 4 章　泡沫混凝土试验和数值模拟研究

4.1　泡沫混凝土力学性能试验与离散元数值模拟研究

4.1.1　离散元数值模拟研究现状

近年来，轻质混凝土以其轻量化及隔声隔热性能等突出优点在基础设施建设中发挥重要作用[1-4]。泡沫混凝土是轻质混凝土的一种，配合比中不含粗骨料，由含量较少的胶凝材料黏结而成，其密度一般小于 1000kg/m^3。由于现代工程的需要，工程师对泡沫混凝土在尽量轻质的同时保证更强的承力能力提出了更高的要求。与普通混凝土不同，泡沫混凝土的力学性能不仅受水灰比及养护条件的影响，还受内部孔隙结构的影响，其中孔隙尺寸从纳米量级到毫米量级不等[5, 6]。

在混凝土基础建设中，泡沫混凝土的弹性模量、抗压强度及抗折强度等力学性能是可用性考核的重要指标[7-9]。前人大量的研究表明，泡沫混凝土的力学性能会随着密度的降低而降低[10, 11]。因为孔隙结构对泡沫混凝土的力学性能影响较大，所以很多研究者对泡沫混凝土内部的孔隙特征进行了大量研究。Wee 等[12]和 Hilal 等[13]通过试验研究得出，孔隙结构、含量及分布对泡沫混凝土的力学性能具有显著的影响。Kunhanandan Nambiar 等[14]和 Kuzielová 等[10]通过详细的试验分析，研究了泡沫混凝土的孔隙效应。他们认为，在保证密度相同的情况下，减小孔隙尺寸可以显著提高泡沫混凝土的强度。Kunhandan Nambiar 等[15]利用试验测试与光学显微镜技术相结合的方法建立了孔隙结构与泡沫混凝土性能之间的关系，认为孔隙越小的泡沫混凝土强度越高。但是目前的研究主要集中在实验室试验[16-19]，而特定密度的泡沫混凝土是利用发泡机生成的泡沫与水泥净浆混合而成的，在制作过程中并不能控制泡沫混凝土内部孔隙的大小及分布，即使是相同批次的相同密度，因此在进行单因素分析时并不能很好地控制其他变量，会使分析结果不准确。数值模拟可以生成特定孔隙分布的模型，准确得到单因素作用对泡沫混凝土力学性能的影响，弥补试验的不足。因此，利用数值模拟的方法从孔隙结构和水泥浆体特性等细观参数研究泡沫混凝土的破坏机理显得尤为重要。

然而，泡沫混凝土由于内部孔隙结构复杂，需要从细观角度分析孔隙的坍塌及压实对泡沫混凝土力学性能的影响。因此，这就要求所使用的数值模拟软件可以建立非均质模型。离散元法（distinct element method，DEM）作为一种有效的数值模拟方法，由于其基于不连续特性来计算内部孔隙的破坏，已经广泛应用于多孔材料的微观结构建模。Ma 等[20, 21]利用 DEM 研究了高温条件下内部孔隙结构对沥青混合料力学特性的影响。Suchorzewski 等[22]结合 CT 扫描与 DEM 建立了骨料颗粒、水泥基质、界面过渡区和孔隙的非均质四相模型，研究了细观参数对混凝土断裂特性的影响。Xie 等[23]利用 DEM 建立了多孔混凝土的数值模型，通过单轴压缩研究了连通孔与不连通孔对混凝土破坏机理的影响。Pieralisi 等[24]将 DEM 应用于多孔混凝土的试验研究，不仅提高了研究效率，还降低了试验成本。因此，本书拟利用 DEM 建立泡沫混凝土的中尺度模型，以弥补试验测试的不足，从内部机理研究泡沫混凝土的力学性能。

但是 DEM 准确模拟的前提是利用一定的技术手段精确获得泡沫混凝土内部的孔隙结构。而 CT 技术具有高分辨率与非破损等优点，在表征混凝土、泡沫铝等材料的微观结构方面发挥越来越重要的作用[25-28]。因此，本书首先利用 CT 技术获得泡沫混凝土的孔隙结构，为数值模拟提供微观结构参数。然后进行试验测试，以获得泡沫混凝土的单轴压缩应力-应变曲线及弯拉强度。随后利用试验获得的单轴压缩应力-应变曲线标定 DEM 的细观参数。最后利用确定的 DEM 细观参数建立数值模型，模拟不同加载速率下不同密度的泡沫混凝土失效全过程，从孔隙尺度解释加载速率和密度对单轴压缩强度及三点弯拉强度的影响，为泡沫混凝土在基础工程中的应用提供技术支撑。

4.1.2　泡沫混凝土的离散元本构模型

DEM 首先由 Cundall 等[29, 30]引入来模拟粒状材料的力学问题。该方法后来应用到岩土及混凝土等黏性材料中，模拟其力学行为[31]。PFC3D 就是基于该方法开发的数值模拟软件。在 PFC3D 中，粒子是具有有限质量的刚体，它们彼此按照牛顿第二定律独立运动（平移或旋转）。粒子间通过内力和力矩在成对的接触中相互作用，并实时更新内力和力矩。当作用在连接键上的力超过键强度时，连接键就会断裂，形成微裂缝[32]。然而，要利用 PFC3D 准确地模拟材料的断裂过程，就需要确定颗粒尺度的本构模型计算颗粒间的接触力。

因为线性平行黏结模型中两个接触颗粒之间的黏结与水泥胶凝材料的力学行为相似，所以本书利用该模型建立水泥净浆制成的泡沫混凝土。平行黏结是在颗粒之间建立弹性相互作用，并且不影响颗粒间的相对滑动，颗粒间的力和力矩都是通过该黏结传递的。线性平行黏结模型由两个界面组成：一个是无穷小线弹性摩擦界面，另一个是有限尺寸线弹性黏结界面，如图 4-1 所示。

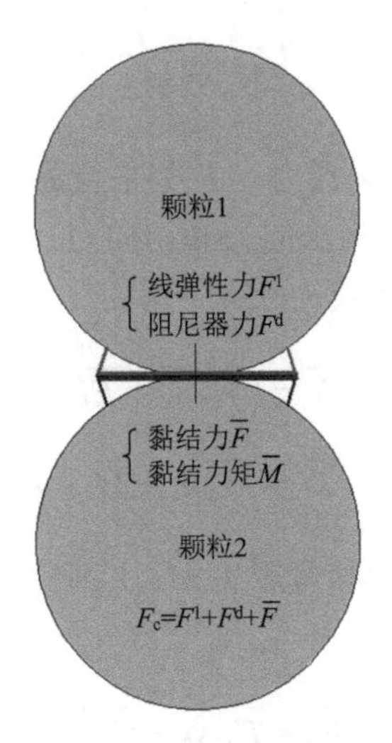

图 4-1　平行黏结模型

一对粒子间的表面间隙（L_s）被定义为接触间隙（L_c）和参考间隙（L_r）的差值，如图 4-2 所示。当且仅当表面间隙小于或等于 0 时，接触才被激活，而对于非激活接触，将不考虑力-位移定律。

$$L_s = L_c - L_r \begin{cases} \leqslant 0, & \text{活性} \\ > 0, & \text{非活性} \end{cases} \tag{4.1}$$

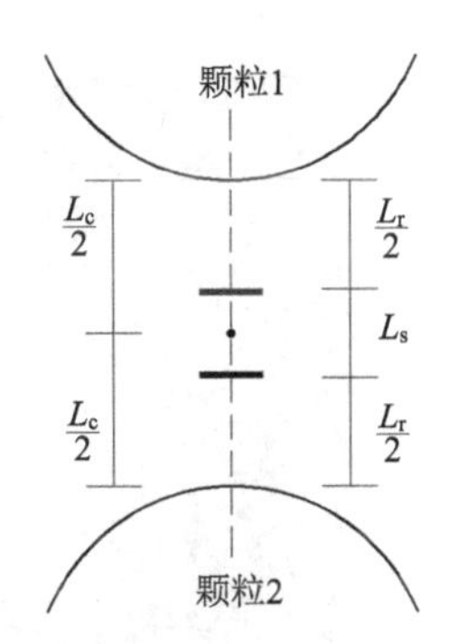

图 4-2　颗粒间的间隙示意图

当颗粒间的黏结键被激活后，将遵循力-位移定律，如式（4.2）和式（4.3）所示：

$$F_c = F^l + F^d + \overline{F} \tag{4.2}$$

$$M_{\mathrm{c}}=\overline{M} \tag{4.3}$$

式中，F^{l} 为线性力；F^{d} 为阻尼器力；$\overline{F}$ 为平行黏结力；$\overline{M}$ 为平行黏结力矩。

然后，将平行黏结力分解为法向力和切向力，将平行黏结力矩分解为扭转力矩和弯曲力矩，如式（4.4）和式（4.5）所示：

$$\overline{F}=-\overline{F}_{\mathrm{n}}\overline{n}_{\mathrm{c}}+\overline{F}_{\mathrm{s}} \tag{4.4}$$

$$\overline{M}=\overline{M}_{\mathrm{t}}\overline{n}_{\mathrm{c}}+\overline{M}_{\mathrm{b}} \tag{4.5}$$

式中，平行黏结切向力（$\overline{F}_{\mathrm{s}}$）和弯矩（$\overline{M}_{\mathrm{b}}$）都位于接触平面上，在接触面坐标系中表示为

$$\overline{F}_{\mathrm{s}}=\overline{F}_{\mathrm{ss}}\overline{s}_{\mathrm{c}}+\overline{F}_{\mathrm{st}}\overline{t}_{\mathrm{c}} \tag{4.6}$$

$$\overline{M}_{\mathrm{b}}=\overline{M}_{\mathrm{bs}}\overline{s}_{\mathrm{c}}+\overline{M}_{\mathrm{bt}}\overline{t}_{\mathrm{c}} \tag{4.7}$$

式中，$\overline{s}_{\mathrm{c}}$ 和 $\overline{t}_{\mathrm{c}}$ 分别为接触面坐标系的两个方向，$\overline{F}_{\mathrm{ss}}$ 和 $\overline{F}_{\mathrm{st}}$ 为 $\overline{F}_{\mathrm{s}}$ 在两个方向的分量，$\overline{M}_{\mathrm{bs}}$ 和 $\overline{M}_{\mathrm{bt}}$ 为 $\overline{M}_{\mathrm{b}}$ 在两个方向的分量。

当平行黏结键形成时，就会在两个概念面之间建立一个界面，如图 4-3 所示。平行黏结在这两个概念面之间提供了弹性相互作用，而当黏结键因外力断裂时，这种相互作用就会消失。

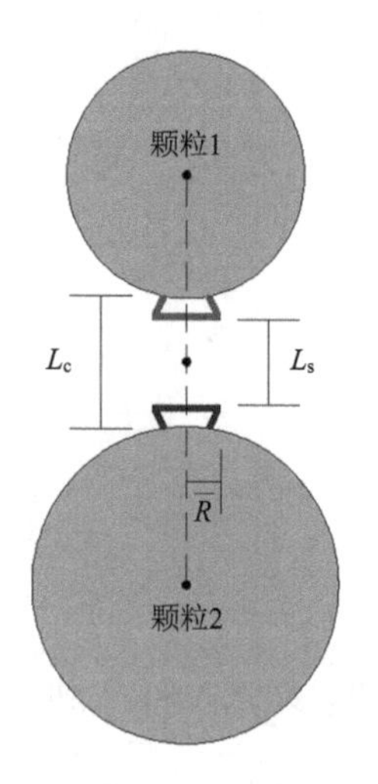

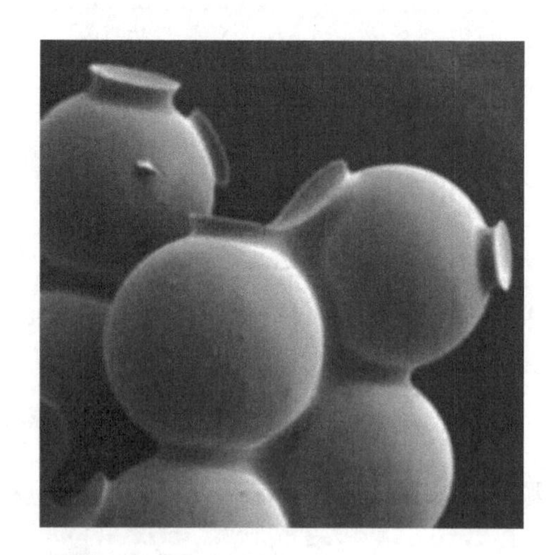

图 4-3　平行黏结键示意图

若平行黏结键的作用力超过了抗拉强度极限（$\overline{\sigma}>\overline{\sigma}_{\mathrm{c}}$），则黏结键断开，即

满足下列等式：

$$\overline{B}=1,\quad \left\{\overline{F}_{\mathrm{n}},\overline{F}_{\mathrm{ss}},\overline{F}_{\mathrm{st}},\overline{M}_{\mathrm{t}},\overline{M}_{\mathrm{bs}},\overline{M}_{\mathrm{bt}}\right\}=0 \tag{4.8}$$

若平行黏结键在拉伸过程中没有断裂，则判断剪切强度极限。其中，剪切强度的表达式为

$$\overline{\tau}_{\mathrm{c}}=\overline{c}-\sigma\tan\overline{\phi} \tag{4.9}$$

式中，$\sigma=\overline{F}_{\mathrm{n}}/(\pi\overline{R}^{2})$ 为作用在平行黏结键横截面上的平均法向应力，如图 4-4 所示。当平行黏结键的作用力超过剪切强度极限（$\overline{\tau}>\overline{\tau}_{\mathrm{c}}$）时，黏结键也会断开，即满足下列等式：

$$\overline{B}=2,\quad \left\{\overline{F}_{\mathrm{n}},\overline{F}_{\mathrm{ss}},\overline{F}_{\mathrm{st}},\overline{M}_{\mathrm{t}},\overline{M}_{\mathrm{bs}},\overline{M}_{\mathrm{bt}}\right\}=0 \tag{4.10}$$

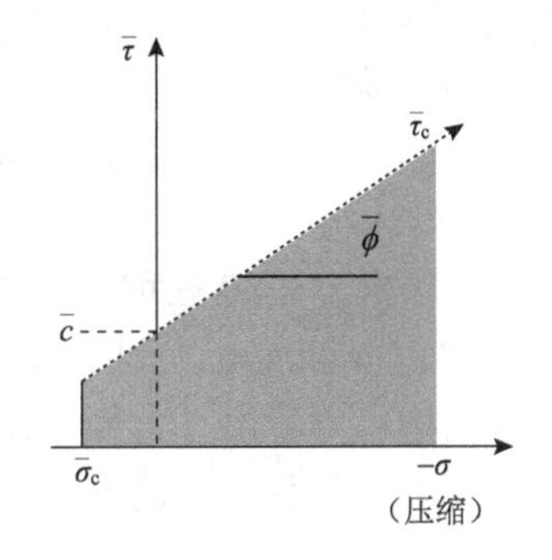

图 4-4　平行黏结键的失效包络线

4.1.3　试验研究

1. 试样制备

根据 JG/T 266—2011《泡沫混凝土》标准要求，为了便于测定试样的基本力学特性，本试验采用四种尺寸的泡沫混凝土：①10mm×10mm×10mm 的立方体试样用于 CT 扫描，以此获得泡沫混凝土的内部孔隙结构；②ϕ50mm×100mm 的柱体试样用于标定 PFC3D 模型的细观参数；③100mm×100mm×100mm 的立方体试样用于单轴压缩试验；④400mm×100mm×100mm 的长方体试样用于三点弯拉试验。

2. CT 扫描

为了获得完整的泡沫混凝土内部孔隙结构，对三种密度的立方体试样

（10mm×10mm×10mm）进行 CT 扫描。其中切片厚度为 0.1mm，图像分辨率设置为 750dpi×750dpi，单个像素尺寸为 46μm，对这些数据进行滤波、校正等处理，计算得到 100 个截面切片数据，并生成每个切片的灰度图像（图 4-5），图中黑色代表孔隙，白色代表砂浆基质。然后用二值图像叠层和三维图像处理技术重建样品的三维孔隙结构，如图 4-6 所示。

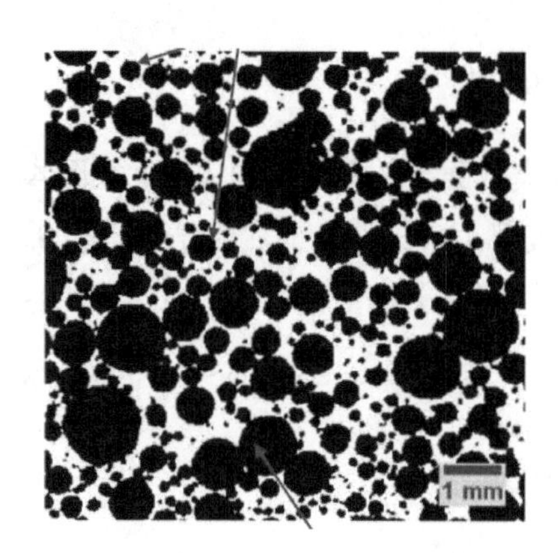

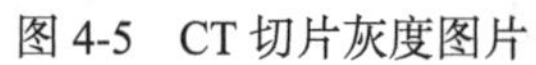
图 4-5　CT 切片灰度图片

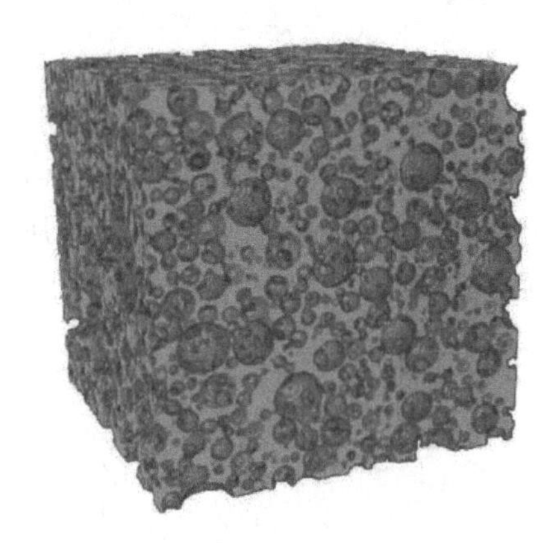

图 4-6　三维重构孔隙结构

通过对 CT 扫描图像进行分析，可得三种泡沫混凝土的总孔隙率分别为 68.2304%（500kg/m^3）、66.1396%（600kg/m^3）和 52.1737%（750kg/m^3）。由二维切片灰度图片和三维重构孔隙结构可以看出，大部分孔隙都是球形，并且孔隙直径大小不一，最大直径为 2mm。对比三种密度的孔隙结构可知，密度越大的泡沫混凝土试样，其孔隙数量越少。

基于 CT 扫描所观察到的物理特征，在 PFC3D 模型中可以利用球形颗粒生成泡沫混凝土内部的孔隙结构，同时这些颗粒被命名为孔隙颗粒，以区别水泥净浆颗粒。所以利用前文确定的孔隙粒径占比生成一定数量的孔隙，并与水泥净浆颗粒组成给定密度的 DEM 模型。而当模型生成后，执行删除命令，移除模型中的孔隙颗粒组，生成孔隙结构，建立与实际泡沫混凝土内部孔隙结构吻合的计算模型。

3. 单轴压缩试验

基于 CT 扫描获得泡沫混凝土的物理特征后，进行一系列的单轴压缩试验，研究密度和加载速率对泡沫混凝土抗压强度的影响。

首先，为了对 PFC3D 模型细观参数标定提供试验数据，需要获得完整的应力-应变曲线。然而，因为立方体试样不能准确获得完整的应力-应变曲线，所以本试验利用 MTS 试验机对尺寸为 ϕ50mm×100mm 的圆柱体试样进行单轴压缩试验，加载方式为位移控制，加载速率为 1mm/min，并利用试验机实时监测应力-应变曲线。其中，通过试验得到典型的泡沫混凝土破坏形式及应力-应变曲线如图 4-7 所示。由应力-应变曲线可知，在加载的开始阶段，曲线会呈现台阶状，这主要是由于泡沫混凝土内部含有大量的孔隙，随着加载的进行而孔隙坍塌，产生应力突然下降的现象。但当应变达到 0.005 时，泡沫混凝土被压实，此时的应力-应变曲线呈现线性上升趋势，直至形成宏观裂缝，致使泡沫混凝土失去承载能力而发生完全破坏。对于同种密度的泡沫混凝土，其破坏模式和弹性模量也不相同。这主要是由于在特定密度下不同泡沫混凝土试样可以获得不同的内部孔隙结构，导致泡沫混凝土具有不同的力学性能。

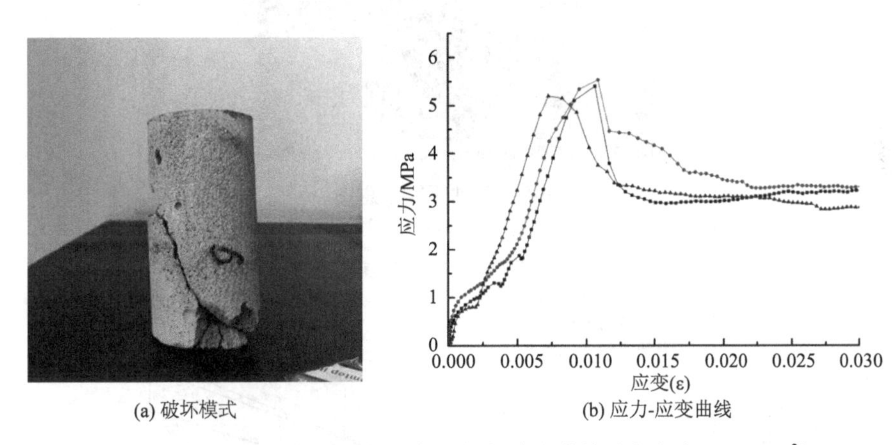

(a) 破坏模式　(b) 应力-应变曲线

图 4-7　典型泡沫混凝土破坏形式及应力-应变曲线（密度为 700 kg/m^3）

其次，为了研究密度和加载速率对泡沫混凝土抗压强度的影响，利用 MTS 试验机对尺寸为 100mm×100mm×100mm 的泡沫混凝土进行单轴压缩试验（图 4-8），加载方式为位移控制，速率分别为 0.06mm/min、0.6mm/min 和 6mm/min。

图 4-9 为不同密度（500kg/m^3、600kg/m^3 和 750kg/m^3）和加载速率（0.06mm/min、0.6mm/min 和 6mm/min）下泡沫混凝土的单轴抗压强度。由图可知，当加载速率一定时，泡沫混凝土的抗压强度随着密度的增加而增大。当密度由 500kg/m^3 增大到 600kg/m^3 时，抗压强度增强了 20%；而当密度由 600kg/m^3 增加到 750kg/m^3 时，抗压强度增长速率进一步加大，增强了 69%。由此可知，密度对泡沫混凝土抗压强度具有较大的影响。这主要是由于泡沫混凝土随着密度的增大，内部孔隙更少且分散，这就使应力都分散到水泥基质上，表现为承载能力显著增强。并且孔隙周围的水泥基质更容易形成应力集中而致使其周围的水泥颗粒失去黏结作用而发生坍塌，这是低密度泡沫混凝土承载能力较低的另一个原因。

图 4-8　单轴压缩示意图

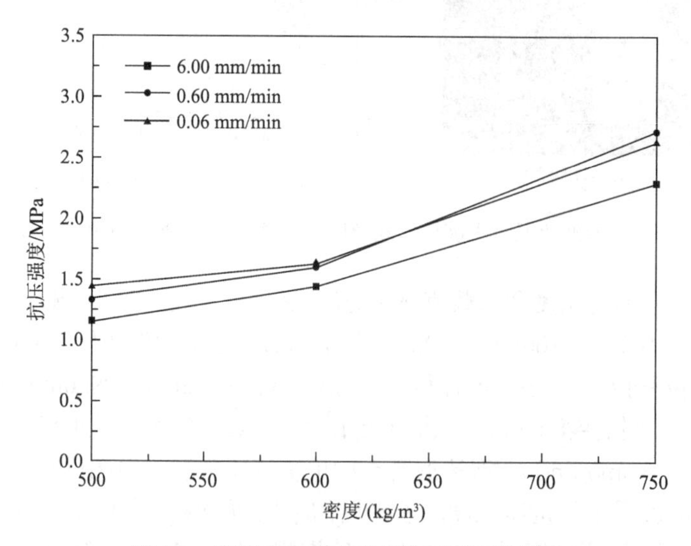

图 4-9　密度和加载速率对抗压强度的影响

与此同时，加载速率也对抗压强度有一定影响。由图 4-9 可知，当泡沫混凝土密度较小时，加载速率与抗压强度具有较强的正相关性。然而，随着密度的增大，这种正相关性逐渐减弱。这种力学变化可以利用试样的破坏断面解释，如图 4-10 所示。当加载速率较小时，宏观裂缝数量较少（图 4-10（a）），这说明此时试样受力比较均匀，没有非常明显的应力集中现象，承受应力的能力就会相应较大。当加载速率较大时（图 4-10（c）），会形成多条宏观裂缝，这说明此时试样出现应力集中现象，承受应力的能力就会被削弱。然而，当泡沫混凝土的密度较大时，泡沫混凝土内部孔隙较少，水泥基质比较均匀，裂缝发育情况受加载速率的影响较小，导致这种正相关性被削弱。

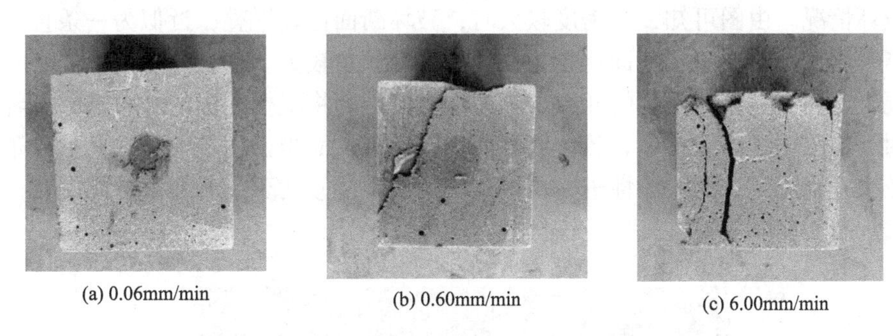

(a) 0.06mm/min　(b) 0.60mm/min　(c) 6.00mm/min

图 4-10　密度为 600kg/m^3 的泡沫混凝土破坏模式

4. 三点弯拉试验

因为大量的实际工程会受到荷载作用而发生抗折破坏，所以利用 MTS 试验机研究密度和加载速率对泡沫混凝土三点弯拉强度的影响，其中 MTS 试验机的加载通过位移控制，跨距为 300mm，加载速率设置为 0.006mm/min、0.600mm/min 和 3.000mm/min 三种。

当加载速率一定时，随着密度的增大，泡沫混凝土的弯拉强度逐渐增大（图 4-11）。当密度由 500kg/m^3 增大到 600kg/m^3 时，弯拉强度增加缓慢，只增加了 12.3%；而当密度由 600kg/m^3 增大到 750kg/m^3 时，弯拉强度增速急剧上升，增

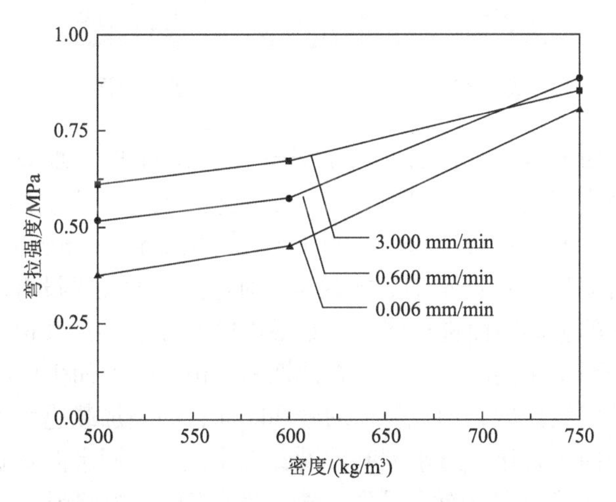

图 4-11　密度和加载速率对弯拉强度的影响

大了 54%。对于三点弯拉，泡沫混凝土主要是拉伸破坏，而孔隙周围的水泥基质抗拉能力较弱。因此，当密度较低时，泡沫混凝土内部的孔隙会更密集，以此把水泥基质分割成较薄的抗拉面，致使抗拉强度急剧下降。这是高密度泡沫混凝土抗拉强度急剧上升的内因。图 4-12 为不同密度的泡沫混凝土在固定的加载速率下的破坏情况。由图可知，当密度较大时，破坏断面比较平整，近似为一条直线；而当密度较小时，破坏断面比较粗糙，且裂缝倾角较大。这主要是由于低密度泡沫混凝土内部分布着更多的孔隙，受力生成的裂缝将根据孔隙的分布趋势沿着孔隙附近最薄弱的区域扩展，致使断裂面比较粗糙；而当密度较大时，孔隙分布相对较少，水泥基质的均质性进一步提高，所以裂缝倾向于沿着加载方向发育，致使宏观断面相对较平整。

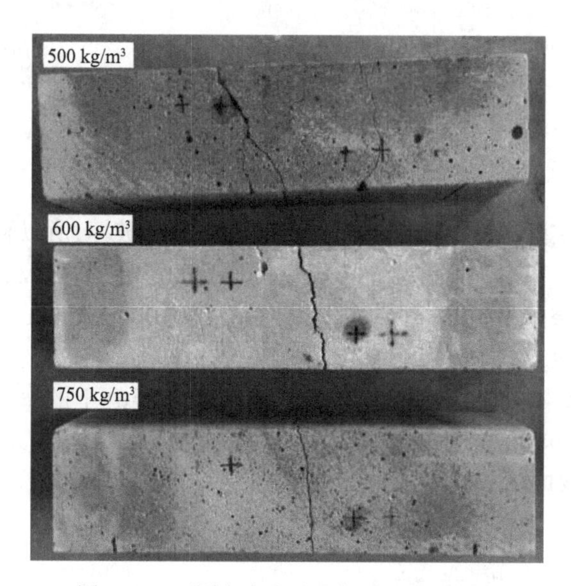

图 4-12　不同密度泡沫混凝土的破坏断面

与此同时，由图 4-11 可知，当密度小于 $600kg/m^3$ 时，加载速率对弯拉强度的影响较大。而当密度大于 $600kg/m^3$ 时，加载速率对弯拉强度的影响逐渐减弱。当密度为 $500kg/m^3$ 时，加载速率由 0.006mm/min 增加到 3mm/min，弯拉强度增大了 65%。而当密度为 $750kg/m^3$ 时，加载速率对弯拉强度几乎没有影响。这一规律可由泡沫混凝土的破坏断面进行解释。如图 4-13 所示，当加载速率较低时，泡沫混凝土梁发生破断所用的时间较长，在此期间，由于受力而生成的裂缝将沿着孔隙周围最薄弱的区域扩展，形成粗糙的破坏断面；而当加载速率较高时，加载周期较短，裂缝倾向于直接穿过水泥基质沿着直线发育。而水泥基质的韧性高于孔隙区域，这是高加载速率下泡沫混凝土梁强度更高的主要原因。

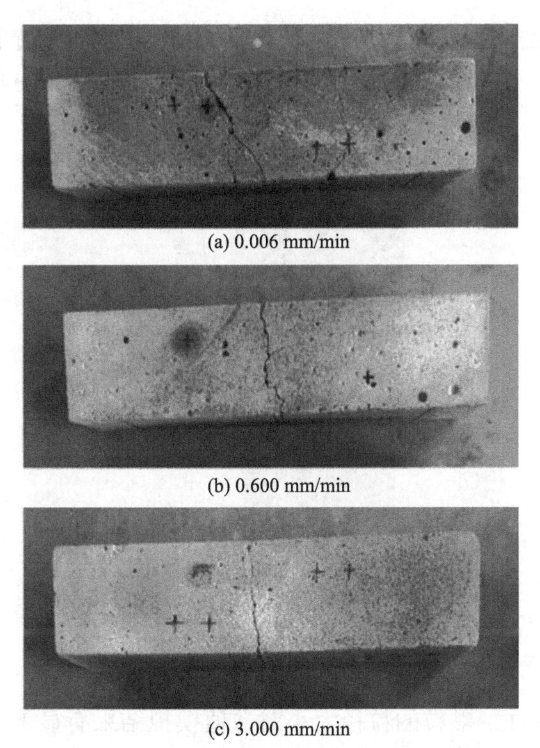

(a) 0.006 mm/min

(b) 0.600 mm/min

(c) 3.000 mm/min

图 4-13　不同加载速率泡沫混凝土的破坏断面

4.1.4　数值模拟分析

1. 泡沫混凝土 DEM 模型建立

本书提出一种创建特定密度和孔隙度泡沫混凝土数值模型的方法。首先，通过编写 Fish 程序创建两个 Group，分别为 Group1（代表水泥净浆基质）和 Group2（代表孔隙），然后按照实际泡沫混凝土的参数设置数值模型的孔隙度和密度，按照一定的粒径大小和分布生成水泥基质颗粒和孔隙颗粒。当颗粒间的表面间隙（L_s）小于等于 0 时，平行黏结键被激活，这些颗粒即通过平行黏结键粘连在一起。最后，利用 Fish 程序删除孔隙颗粒（Group2），生成特定密度和孔隙度的泡沫混凝土数值模型。通过 4.1.3 节的 CT 扫描分析可知，孔隙的粒径分布大致服从正态分布，这一结论与现有的研究结果[12]一致，所以本书对所有的模型都采用正态分布生成孔隙颗粒，公式如下所示：

$$f(x|\mu,\sigma^2)=\frac{1}{\sqrt{2\pi\sigma^2}}\mathrm{e}^{-\frac{(x-\mu)^2}{2\sigma^2}} \tag{4.11}$$

式中，x 为孔隙粒径变量；μ 为平均孔隙粒径；σ 为标准差。

根据 CT 扫描结果，兼顾计算成本，本书选取的孔隙半径范围为 0.9～4.2mm，利用上述方法生成了密度为 700kg/m^3、尺寸为 ϕ50mm×100mm 的圆柱体模型，如图 4-14 所示。

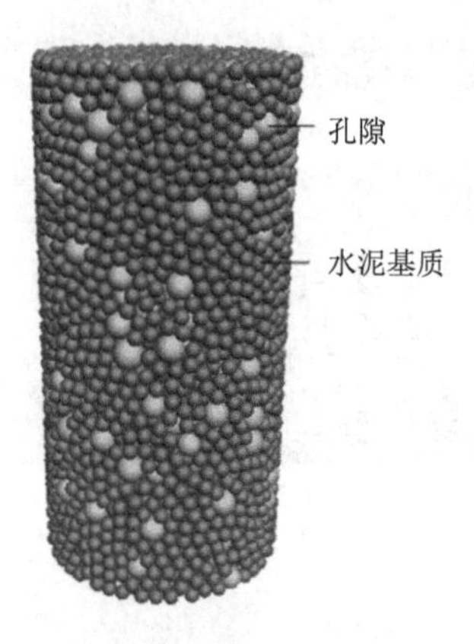

图 4-14　密度为 700kg/m^3 的 PFC3D 模型

2. 水泥净浆粒径的影响

对于离散元软件，颗粒的粒径大小对数值模拟结果有显著影响。因此，需要消除粒径大小对泡沫混凝土力学性能的影响，才能准确还原试验现象。本节利用相同的孔隙分布（见 4.1 节）和细观参数生成了五种粒径（半径 r 分别为 0.7mm、0.8mm、0.9mm、1.0mm 及 1.1mm）的泡沫混凝土模型（模型尺寸都为 ϕ50mm×100mm），并利用上下两个墙体模型模拟 MTS 试验机的加载板（图 4-15），其中下部加载板固定，上部加载板通过伺服控制按加载速率 1mm/min 对模型施加单轴压缩荷载，研究水泥净浆粒径对泡沫混凝土宏观特性的影响。

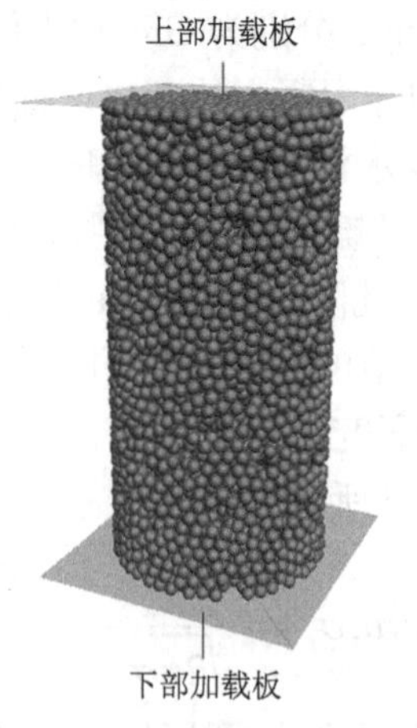

图 4-15　圆柱体单轴压缩模型

图 4-16 为五种不同水泥净浆粒径的泡沫混凝土模型在单轴抗压作用下的应力-应变曲线。由图可知，粒径对泡沫混凝土模型的力学性能有显著影响。当颗粒半径逐渐减小时，模型的弹性模量和抗压强度逐渐增大，并且材料的韧性峰值荷载会逐渐增大，延展性减小，脆性增加。特别地，当颗粒半径从 1.0mm 减小到 0.9mm 时，数值模型从塑性到脆性发生了显著的变化。虽然粒径进一步减小，但是表现的材料脆性及残余强度都是相似的。因此，当颗粒半径足够小时(即 0.9mm、0.8mm 及 0.7mm)，数值模型表现出相同的特性，即线弹性阶段、非线性阶段及软化阶段。因此，考虑到计算成本及模型计算结果的准确性，本书采用颗粒半径为 0.9mm 进行建模计算。

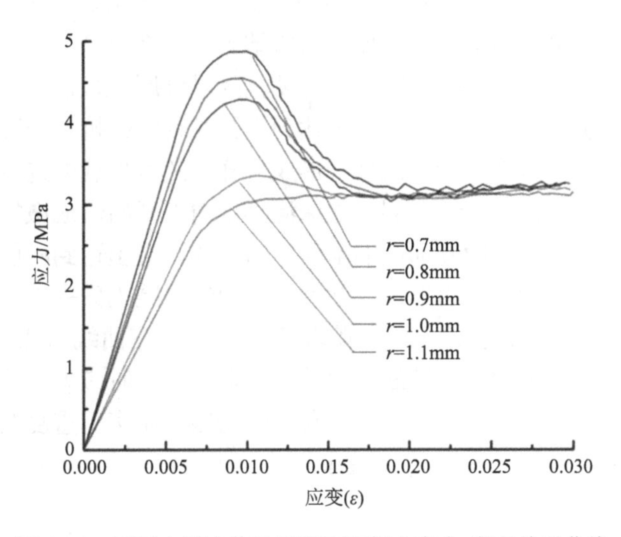

图 4-16　不同水泥净浆粒径泡沫混凝土应力-应变关系曲线

3. 细观参数的标定

由离散元本构模型可知，PFC3D 模型在颗粒尺度上利用线性平行黏结模拟泡沫混凝土的宏观力学行为，所以通过试验获得的宏观材料参数并不能直接用于数值模型中，而是需要通过标定程序来获得模型的细观参数。因此，通过调整细观参数将 PFC3D 模拟结果与试验数据及破坏形态进行拟合，以此获得准确的细观参数。为了与试验条件一致，在参数标定中使用密度为 500kg/m^3、尺寸为 ϕ50mm×100mm 的柱体模型，水泥净浆颗粒半径为 0.9mm，孔隙分布按照 4.1 节所讨论的正态分布生成，加载控制与前文相同，都是通过伺服控制控制上部加载板，其中加载速率按照试验条件设置为 1mm/min。通过标定参数，获得平行黏结模型的细观参数，如表 4-1 所示。

表 4-1　泡沫混凝土细观参数

颗粒细观参数		平行黏结模型	
参数	水泥基质	参数	数值
半径/mm	0.9	有效弹性模量 E_0/Pa	1.0×10^8
密度/（kg/m^3）	750	抗拉强度/Pa	1.1×10^7
法向刚度 k_n/（N/m^3）	4.0×10^9	黏聚力/Pa	7.0×10^6
k_n/k_s	1.0	摩擦系数	0.4

图 4-17 为 PFC3D 模拟和试验结果的应力-应变对比图。由图可知，数值模拟得到的宏观弹性模量和峰值抗压强度与试验结果吻合度较高。数值模拟还原了试验应力-应变曲线的三个阶段，即线弹性阶段、非线性硬化阶段及非线性软化阶段。在模拟的线弹性阶段，由于内部应力未达到平行黏结键的抗拉强度或剪切强度极限，未出现断裂键，泡沫混凝土内部未形成裂缝。随着加载的进行，内部应力达到黏结键的强度极限，黏结键断裂，泡沫混凝土内部开始形成微裂缝，此时模拟进入非线性硬化阶段。而随着加载的推移，当泡沫混凝土达到峰值承载力时，微裂缝数量急剧增加并相互贯通形成宏观裂缝，导致混凝土失去承载能力，发生非线性软化行为。当数值模拟进入第三阶段后，应力-应变曲线出现上下波动现象。这主要是因为孔隙周围的黏结键断裂导致孔隙坍塌，此时应力突然下降。而当孔隙被压实后，承载力又发生上升。随着孔隙的坍塌与压实，重复此过程，就发生了应力-应变曲线的上下波动，这一现象与试样曲线相吻合。

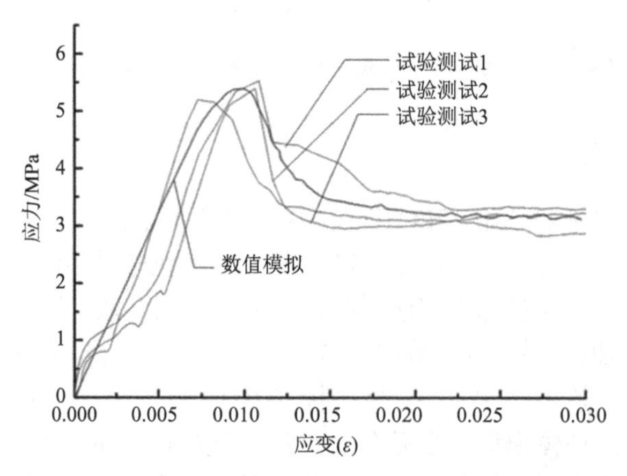

图 4-17　数值模拟与试验测试的应力-应变曲线对比

图 4-18 比较直观地给出了试件破坏模式与相应的数值模型内部裂缝发育形态的比较。由图可知，数值模型破坏后所形成的典型宏观断裂面与试验的断裂面基

本一致，破坏都是发生在试件左下部，形成贯通的斜向宏观裂缝。图 4-18（c）中圆饼状代表微裂缝，其产生机理如下：当颗粒间承受的应力大于黏结键承受的极限拉伸应力或剪应力时（即满足式（4.8）和式（4.10）)，程序默认此处黏结键断裂，然后会用圆饼状标记破坏处，并且标注是剪切破坏（shearFail）还是拉伸破坏（tenFail）。所以由裂缝破坏形式可知，拉伸破坏产生的裂缝多于剪切破坏。

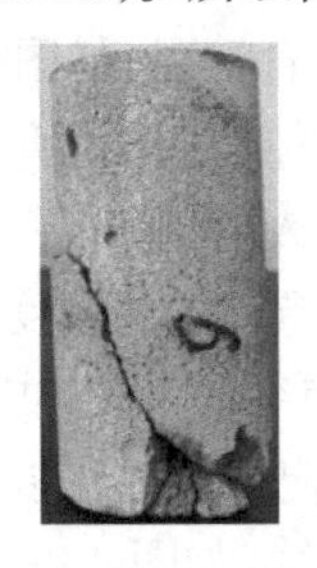

(a) 试件破坏模式

(b) 模型破坏模式

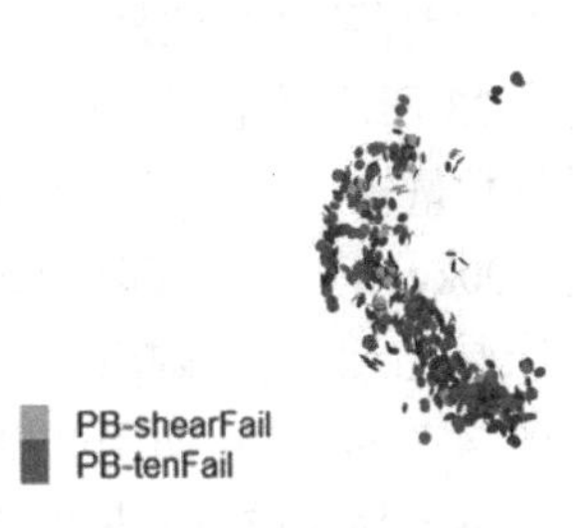

(c) 模型内部裂缝发育情况

图 4-18　试验和模拟试件破坏比较

基于以上分析，通过上述标定获得的细观参数（表 4-1）可以用来比较准确地模拟泡沫混凝土宏观力学行为。

4. DEM 对泡沫混凝土基本力学性能的预测

为了从细观角度研究密度和加载速率对泡沫混凝土抗压强度和弯拉强度的影响，利用前文确定的水泥净浆粒径（r=0.9mm）和细观参数（表 4-1）生成与试验相吻合的数值模型。并将模拟结果与试验现象对比分析，进一步探究孔隙结构对泡沫混凝土宏观力学性能的影响。

1）单轴压缩

为了与试验保持一致，本节共生成了三种密度的数值模型，分别为 500kg/m^3、600kg/m^3 和 750kg/m^3，模型尺寸都为 100mm×100mm×100mm。其中模型上下各有一个加载板，下板固定，上板利用位移控制，加载速率分别为 0.06mm/min、0.6mm/min 和 6mm/min，与试验工况保持一致。单轴压缩数值模型如图 4-19 所示。

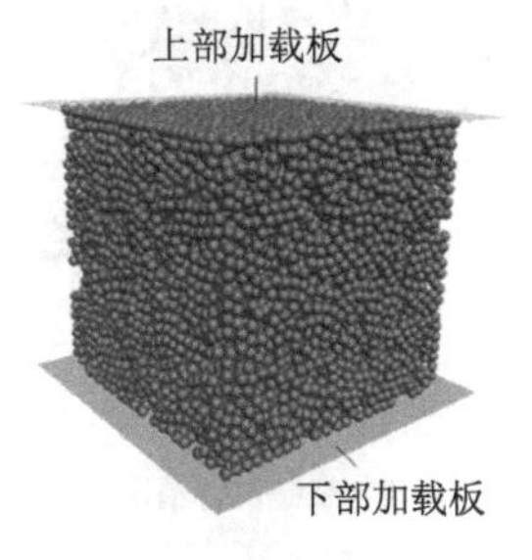

图 4-19　立方体单轴压缩数值模型

首先，为了研究密度对泡沫混凝土抗压强度的影响，设置加载速率恒定为0.06mm/min，对三种密度（500kg/m^3、600kg/m^{3}和750kg/m^3）的泡沫混凝土进行单轴压缩计算分析，试验测试和数值模拟的对比分析如图 4-20 所示。由图可知，虽然数值模拟结果与试验结果稍有偏差，但是数值模拟较好地模拟了密度对抗压强度的影响趋势。这种偏差主要由数值模型的孔隙与试验试样不完全一致所致，在可接受的误差范围内。此外，数值模拟较准确地捕捉到内部裂缝的发育情况，如图 4-21～图 4-23 所示。由图可知，当密度为 750kg/m^{3}时，泡沫混凝土内部裂隙发育比较分散且数量较少；当密度为 600kg/m^{3}时，其内部裂隙比较集中且数量较多；而当密度为 500kg/m^{3}时，内部裂隙集中程度及数量都进一步增加。这主要是因为密度较低的泡沫混凝土内部孔隙较多，容易形成应力集中（图 4-21（c）)，更容易生成集中裂缝，如图 4-21 所示；而当密度较高时，水泥基质相对较多，加载应力分散在水泥基质上，不容易形成应力集中（图 4-23（c）)，倾向于生成分散裂缝，如图 4-23 所示。

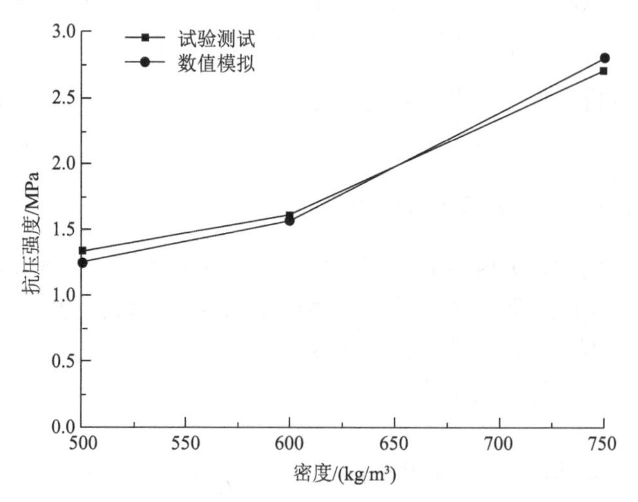

图 4-20　密度对抗压强度影响的试验测试与数值模拟结果对比

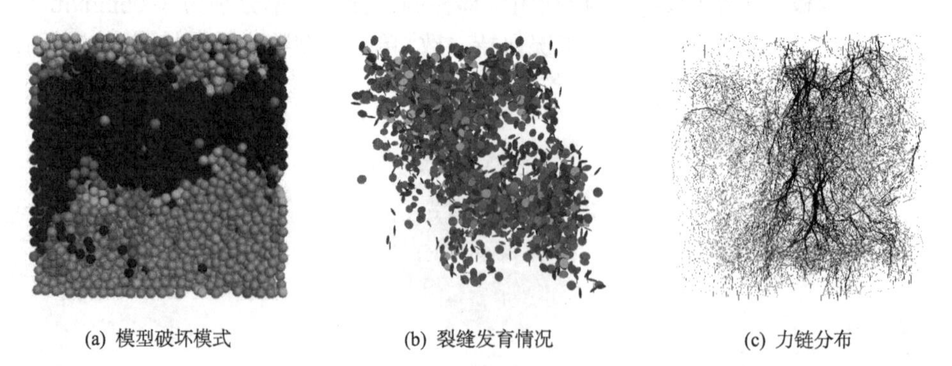

(a) 模型破坏模式　　(b) 裂缝发育情况　　(c) 力链分布

图 4-21　加载速率为 0.06mm/min 时密度为 500kg/m^{3}的泡沫混凝土破坏模式

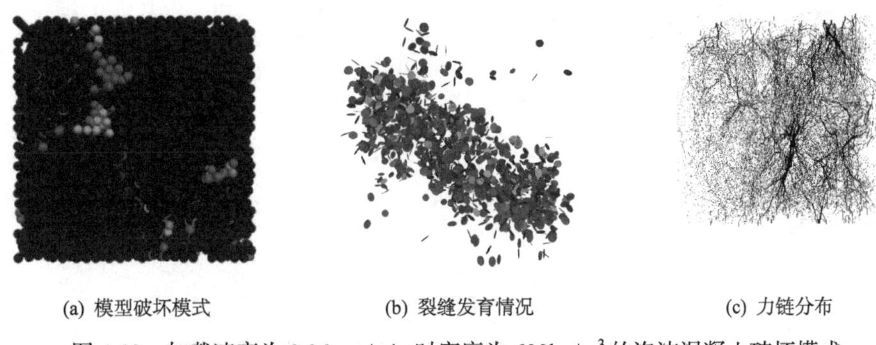

(a) 模型破坏模式　(b) 裂缝发育情况　(c) 力链分布

图 4-22　加载速率为 0.06mm/min 时密度为 600kg/m³ 的泡沫混凝土破坏模式

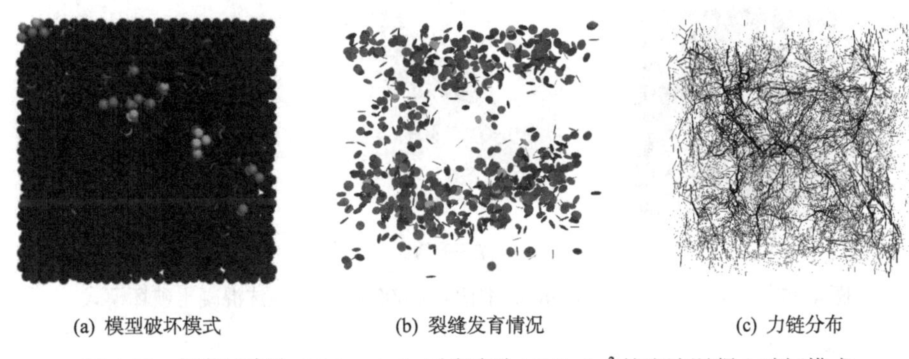

(a) 模型破坏模式　(b) 裂缝发育情况　(c) 力链分布

图 4-23　加载速率为 0.06mm/min 时密度为 750kg/m³ 的泡沫混凝土破坏模式

其次，为了研究加载速率对泡沫混凝土破坏模式的影响，选取密度为 600kg/m³ 泡沫混凝土，设置三种加载速率（0.06mm/min、0.6mm/min 和 6mm/min）进行数值模拟。试验测试和数值模拟结果对比如图 4-24 所示。由图可知，数值模拟结果与试验测试数据基本吻合，误差小于 1%。出现误差的原因主要是数值模拟生成的孔隙结构不可能与试样完全一致，但是误差在可接受的范围内。模型内部裂缝发育情况如图 4-25～图 4-27 所示。对比图 4-25（b）、图 4-26（b）和图 4-27（b）可知，随着加载速率的增大，内部生成的裂缝逐渐增多，与图 4-10 相吻合。当加载速率从 0.06mm/min 增大到 0.6mm/min 时，内部裂缝增量较少，这使得两者的抗压强度比较接近，而当加载速率增大到 6mm/min 时，内部裂缝数量急剧增多，抗压强度与前两种加载速率相比下降幅度较大，如图 4-24 所示。与此同时，由图 4-25（c）、图 4-26（c）和图 4-27（c）可以直观地看出，当加载速率增大时，应力集中现象逐渐加重，而应力集中越严重，试样越容易失效，抗压能力越弱。

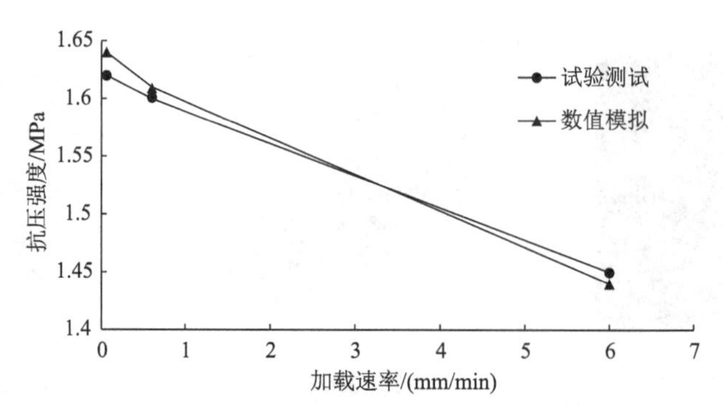

图 4-24　加载速率对抗压强度影响的试验测试与数值模拟结果对比

(a) 模型破坏模式　(b) 裂缝发育情况　(c) 力链分布

图 4-25　加载速率为 0.06mm/min 时密度为 600kg/m^3 的泡沫混凝土破坏模式

(a) 模型破坏模式　(b) 裂缝发育情况　(c) 力链分布

图 4-26　加载速率为 0.6mm/min 时密度为 600kg/m^3 的泡沫混凝土破坏模式

(a) 模型破坏模式　(b) 裂缝发育情况　(c) 力链分布

图 4-27　加载速率为 6mm/min 时密度为 600kg/m^3 的泡沫混凝土破坏模式

2）三点弯拉

为了使泡沫混凝土弯拉模拟与试验条件保持一致，本节同样生成了 500kg/m^3、600kg/m^3 和 750kg/m^3 三种密度的泡沫混凝土模型，尺寸都为 400mm×100mm×100mm。并利用 Fish 程序对上部加载棒进行位移加载，加载速率分别为 0.06mm/min、0.6mm/min 和 3mm/min，下部利用两个支座支撑，如图 4-28 所示。

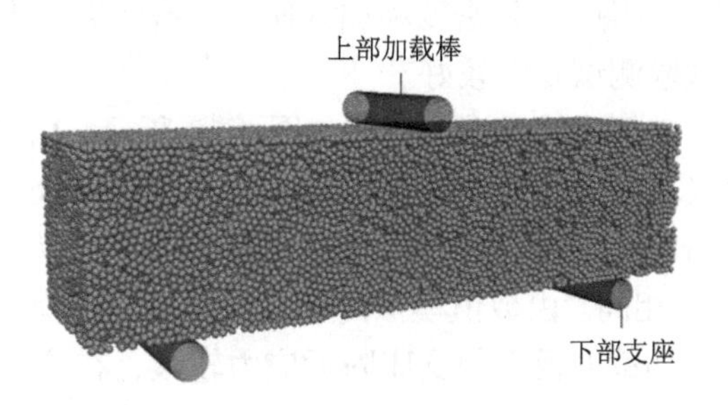

图 4-28　三点弯拉数值模型

利用 PFC3D 数值模拟得到不同密度泡沫混凝土在不同加载速率下的破坏全过程，记录内部裂缝的发育情况。其中，数值模拟结果与试验对比如图 4-29 所示。

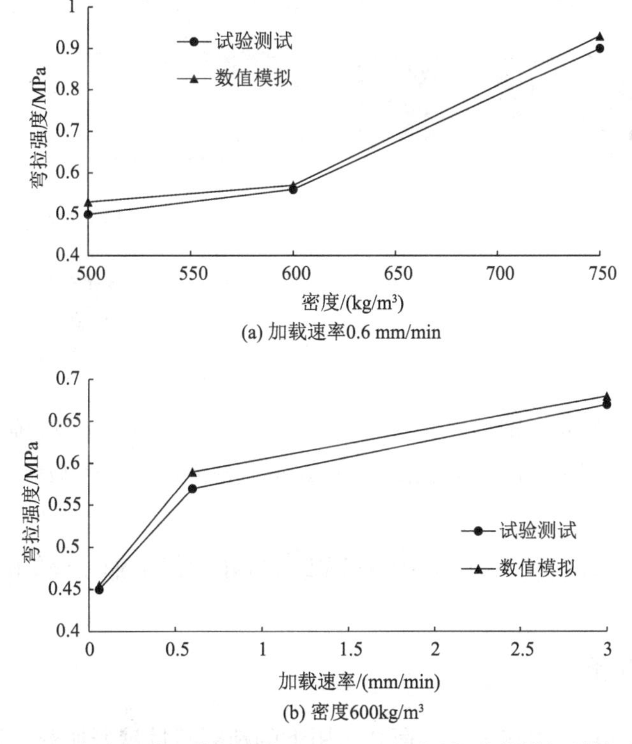

图 4-29　加载速率对弯拉强度影响的试验测试与数值模拟结果对比

由图可知，数值模拟得到的三点弯拉强度比试验测试结果略微提高，这可能是由于泡沫混凝土现场制作过程中不可能保证泡沫与水泥净浆均匀混合，这导致试验测试所用试样内部的孔隙分布并不均匀，有些部位孔隙率高于预定值，使承载能力降低。而对于数值模型，孔隙严格按照正态分布均匀分布于模型中，不会产生试验测试因素的影响，所以承载能力比试验测试高。但是数值模拟预测的误差不超过 5%，在可接受的范围，并且密度和加载速率对泡沫混凝土三点弯拉强度影响趋势的数值模拟与试验测试吻合较好。

典型的数值模拟破坏模式与试验对比如图 4-30 所示。由宏观裂缝对比可知，数值模型的破坏模式较好地还原了试验测试结果。图 4-30（c）中最内侧圆饼状标记为剪切破坏（shearFail）产生的裂缝，最外侧圆饼状标记为拉伸破坏（tenFail），与图 4-18（c）的含义相同。由数值模拟内部裂缝发育全过程可知，当泡沫混凝土梁发生破坏时，上部加载处及下部支座附近应力较大，在这三个位置最先产生微裂缝。随后在梁的底部中线位置开始出现拉伸裂缝，然后随着加载进行，裂缝逐渐向上延伸直至与上部裂缝贯通，泡沫混凝土模型完全破坏，如图 4-30（c）所示。由图可知，泡沫混凝土在三点弯拉荷载作用下拉伸破坏产生的裂缝多于剪切破坏。这主要是由于泡沫混凝土属于多孔材料，强度较低而且孔隙较多，这使得内部应力更容易在孔隙处集中（图 4-30（d）），最终形成拉伸破坏。

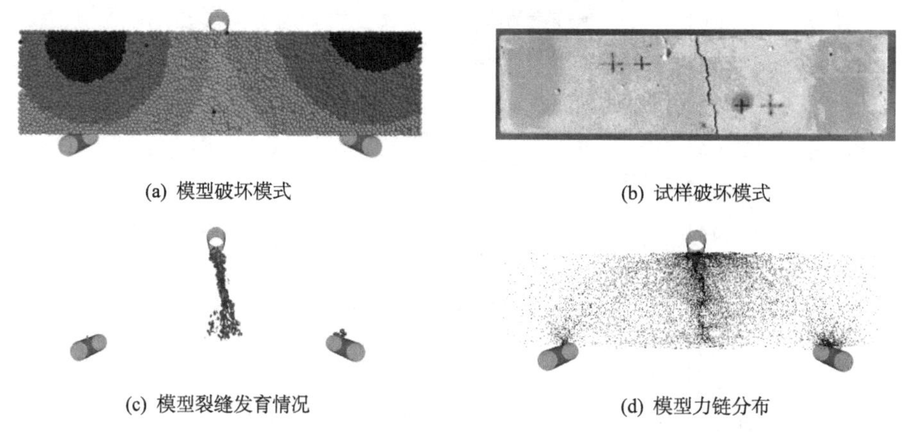

(a) 模型破坏模式　(b) 试样破坏模式

(c) 模型裂缝发育情况　(d) 模型力链分布

图 4-30　加载速率为 0.6mm/min 时密度为 600kg/m^3 的泡沫混凝土模拟破坏模式与试验对比

4.2 泡沫混凝土三点弯断裂试验与扩展有限元数值模拟研究

4.2.1 试验准备

针对泡沫混凝土梁在三点弯荷载作用下的断裂特性展开研究，试验考虑不同缝高比的初始裂缝以及不同加载速率两种影响因素，对不同密度制得的泡沫混凝土试件进行三点弯断裂试验。试验过程中，结合声发射（AE）技术以及数字图像相关技术（DIC）研究泡沫混凝土的断裂过程。此外，利用限元分析软件 ABAQUS-CAE 中的扩展有限元（XFEM）技术，分析泡沫混凝土梁在三点弯荷载下的裂缝扩展过程。

1. 泡沫混凝土试件制备

根据 JG/T 266—2011《泡沫混凝土》标准要求，为了便于测定试样的基本力学特性，三点弯断裂试验选用的试样尺寸为 100 mm×100 mm×400mm。

2. 三点弯断裂试验方案

三点弯断裂试验采用液压闭环伺服材料试验机 MTS322 进行加载，试验装置如图 4-31 所示。本次试验主要考虑湿密度、缝高比以及加载速率三种因素对泡沫混凝土断裂性能的影响。为了便于观测试件断裂破坏过程，确保试件断裂位置处于跨中，试件养护完成后，在试件跨中预切缝，考虑 0.10、0.25 以及 0.40 三种不同缝高比，缝高分别为 10mm、25mm 和 40mm，缝宽约为 3mm。试验过程中，试件承受的荷载通过试验机力传感器测得，裂缝张口位移（CMOD）由夹式引伸计测得。夹式引伸计固定在试件底部预制裂缝两端，可以实时监测裂缝张口位移。三点弯荷载施加过程通过裂缝张口位移控制，分别考虑三种不同的加载速率：0.0001mm/s、0.001mm/s 和 0.01mm/s。试件加载示意图如图 4-32 所示，下部支座有效跨长为 300mm，上部加载点位于试件跨中。

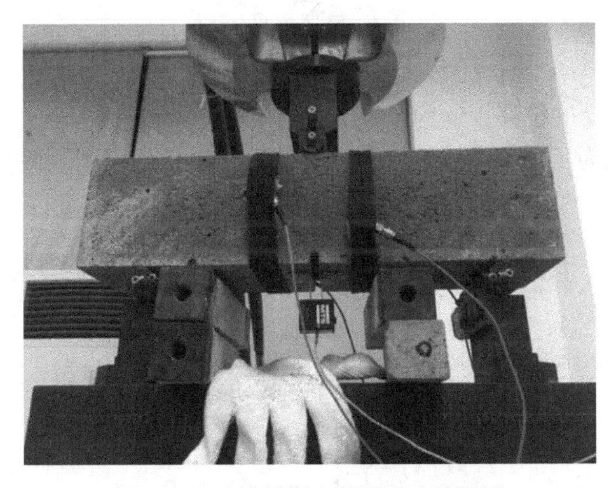

图 4-31　泡沫混凝土断裂试验装置图

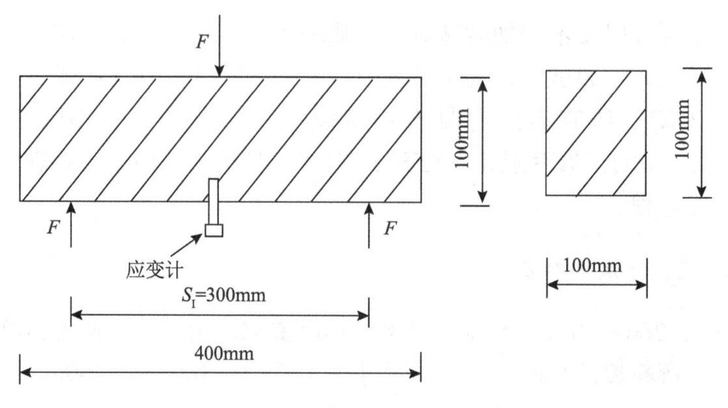

图 4-32　三点弯断裂试验加载示意图

3. 扩展有限元

经典有限元计算方法的形函数为连续函数，在处理裂缝扩展这种非连续性问题时，往往会面临程序设计复杂、计算效率低等难题。而着眼于解决非连续性问题的扩展有限元法（XFEM）的出现[33]，为研究人员利用有限元求解裂缝扩展问题提供了极大的便利。扩展有限元是传统有限元方法的扩展，以单位分解为基础[34]，在保留传统有限元方法优点的同时，实现了裂缝在单元内部的萌生、发展，避免了传统有限元法需要将裂缝面设置为单元的边、高密度网格划分以及计算过程中网格的不断重新划分等，是现如今研究非连续性力学问题有效的方法[35]。

传统有限元计算方法中，网格的位移场近似表达为

$$u^h = \sum_{i \in I} u_i \phi_i \tag{4.12}$$

式中，u_i 为节点 i 的位移；ϕ_i 为节点 i 的双线性形函数。

扩展有限元为了模拟非连续性，在传统的位移空间中引入两个附加函数：

$$u^h = \sum_{i \in I} u_i \phi_i + \sum_{j \in J} b_j \phi_j H\left(f\left(x\right)\right) + \sum_{k \in K} \phi_k \left(\sum_{l=1} c_k^l F_l\left(x\right) \right) \tag{4.13}$$

1）Heaviside 函数

$$H\left(x\right) = \begin{cases} -1, & (x - x^*)e_n > 0 \\ +1, & (x - x^*)e_n < 0 \end{cases} \tag{4.14}$$

式中，x 为考察点；x^* 为裂缝面上距离 x 最近的点；e_n 为 x^* 处裂缝的单位外法向

量。当考察点在裂缝上端时，$H(x)=1$；在裂缝下端时，$H(x)=-1$。

2）裂尖函数

考虑到如果裂缝发展停止于单元内部，用 Heaviside 函数改进裂尖单元将不再准确，为了保证裂缝精确地停止于单元内部，从而引进裂尖函数。裂尖函数是在线弹性断裂力学（LEFM）中裂缝尖端渐近位移场的基础上提出的：

$$\{F_l(r,\theta)\} \equiv \left\{\sqrt{r}\sin\left(\frac{\theta}{2}\right), \sqrt{r}\cos\left(\frac{\theta}{2}\right), \sqrt{r}\sin\left(\frac{\theta}{2}\right)\sin(\theta), \sqrt{r}\cos\left(\frac{\theta}{2}\right)\sin(\theta)\right\} \tag{4.15}$$

式中，(r,θ) 为裂缝尖端的局部极坐标；函数 $\sqrt{r}\sin\left(\frac{\theta}{2}\right)$ 在横穿裂缝时不连续。该函数的提出考虑了裂缝尖端的奇异性。

此外，针对裂缝扩展问题，Song 等提出一种虚拟节点技术[36]。该方法中，对于 Heaviside 函数加强的不连续单元被认为是一个单元，该单元被实节点和虚拟节点分成两个部分。

“水平集”法是目前界面追踪常用的方法。对函数来说，其水平集为该函数达到指定值所有点的集合。例如，对于函数 $f(x,y)=x^2+y^2-25$，其零值水平集是一个以原点为圆心、半径为 5 的圆。在 XFEM 中，裂缝的扩展也同样采用这种方法来确定裂缝的位置。裂缝被定义为 φ 和 ψ 两个函数，这两个函数由节点值定义，节点值的坐标由传统的有限元形函数确定。其中，$\varphi=0$ 的水平集代表裂缝表面，而 $\varphi=0$ 与 $\psi=0$ 相交的部分被定义为裂缝前沿。研究结果表明，XFEM 能够预测均质和非均质材料的断裂行为。

4.2.2　泡沫混凝土三点弯断裂试验结果分析

1. 泡沫混凝土断裂界面

图 4-33 分别展示了三种缝高比以及三种密度泡沫混凝土试件的断裂界面，由于预制缝的存在，断裂界面都处于跨中位置，断裂界面较为平整。观察断裂界面的孔隙分布规律可以发现，三种密度泡沫混凝土试件的断裂界面孔隙分布均匀，孔径大小波动范围小。孔隙率作为影响泡沫混凝土密度的主要因素，对比不同密度泡沫混凝土试件断裂界面容易发现，密度为 500kg/m^3 的泡沫混凝土试件断裂界面上孔隙分布明显多于密度为 600kg/m^3 以及 750kg/m^3 的泡沫混凝土试件，其中密度为 750kg/m^3 的泡沫混凝土试件含有孔隙最少。

500-0.10

500-0.25

500-0.40

(a) 密度 500kg/m^3

600-0.10

600-0.25

600-0.40

(b) 密度 600kg/m^3

750-0.10

750-0.25

750-0.40

(c) 密度 750kg/m^3

图 4-33　泡沫混凝土试件断裂界面（密度-缝高比）

2. 不同密度泡沫混凝土断裂特性

图 4-34 分别展示了缝高比以及加载速率一定时，不同密度的泡沫混凝土在三点弯荷载作用下的 *P*-CMOD 曲线（图中试件标号 *A*-*B*-*C*，其中 *A* 代表试件密度，*B* 代表试件缝高比，*C* 代表加载速率）。此外，为了更直观地看出不同密度下泡沫混凝土试件的断裂性能，各工况下泡沫混凝土所承受的峰值荷载以及峰值点的裂缝张口位移（CMOD）如表 4-2 所示。试验结果表明，密度为 750kg/m^3 的泡沫混凝土试件抗弯承载能力最强，而随着湿密度的下降，制得的泡沫混凝土承载能力逐渐下降。此现象出现的主要原因可以归结于泡沫混凝土孔隙率的大小。在三点弯荷载作用下，泡沫混凝土试件底部受拉，孔隙在受拉区域通常扮演着缺陷的角色，孔隙率的增大导致了泡沫混凝土抗拉承载力下降。而泡沫混凝土由水泥基体和孔隙组成，密度的下降就意味着孔隙率的上升，在三点弯荷载作用下其承载能力也逐渐下降。

此外，在三点弯荷载作用下，受压区因孔隙闭合而密实，使得受压区承载能力有所上升，也赋予了泡沫混凝土更好地抵抗变形的能力。对比各工况下不同密度泡沫混凝土在峰值点的裂缝张口位移可以发现，随着密度的增长，峰值荷载下泡沫混凝土的裂缝张口位移呈下降趋势。但泡沫混凝土作为由水泥基体与孔隙组成的两项材料，具有明显的脆性特征，其在峰值荷载作用下的裂缝张口位移下降相对较小。

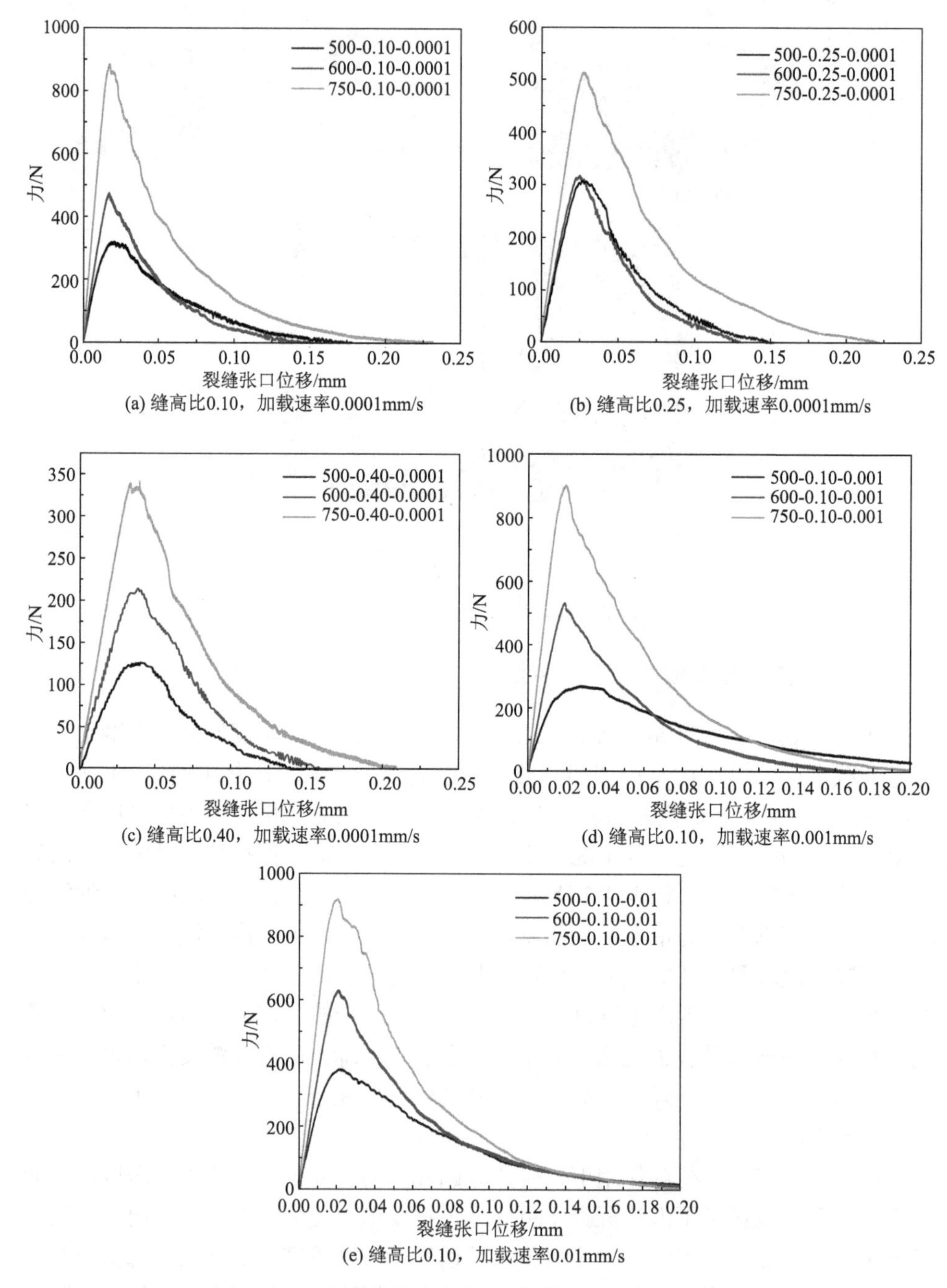

(a) 缝高比0.10，加载速率0.0001mm/s

(b) 缝高比0.25，加载速率0.0001mm/s

(c) 缝高比0.40，加载速率0.0001mm/s

(d) 缝高比0.10，加载速率0.001mm/s

(e) 缝高比0.10，加载速率0.01mm/s

图 4-34　不同密度泡沫混凝土 P-CMOD 曲线对比分析

表 4-2　不同密度泡沫混凝土峰值荷载及裂缝张口位移

加载工况（缝高比-加载速率）	500kg/m³		600kg/m³		750kg/m³	
	峰值荷载/N	裂缝张口位移/mm	峰值荷载/N	裂缝张口位移/mm	峰值荷载/N	裂缝张口位移/mm
0.1-0.0001	321.71	0.0206	475.30	0.0171	884.48	0.0174
0.25-0.0001	307.88	0.0270	317.69	0.0254	513.45	0.0277
0.40-0.0001	126.35	0.0407	214.34	0.0391	341.98	0.0337
0.10-0.001	271.50	0.0271	531.86	0.0187	904.07	0.0195
0.10-0.01	380.00	0.0213	631.12	0.0213	918.46	0.0207

3. 不同加载速率下泡沫混凝土断裂特性

不同加载速率下泡沫混凝土在三点弯荷载作用下的 P-CMOD 曲线如图 4-35 所示。图中分别绘制了密度及缝高比一定时，泡沫混凝土在 0.0001mm/s、0.001mm/s 以及 0.01mm/s 下的试验曲线。各曲线的峰值荷载以及峰值荷载所对应的裂缝张口位移如表 4-3 所示。试验结果表明，三点弯断裂试验存在率效应，当加载速率上升时，泡沫混凝土试件承受的峰值荷载逐渐增大，其中密度为 500kg/m³、缝高比为 0.1 的泡沫混凝土试件承受的峰值荷载增长较为明显，而随着密度的增加，加载速率对试件抗弯承载力的影响逐渐减小，三种加载速率下，密度为 750kg/m³ 的泡沫混凝土承受荷载能力基本一致。

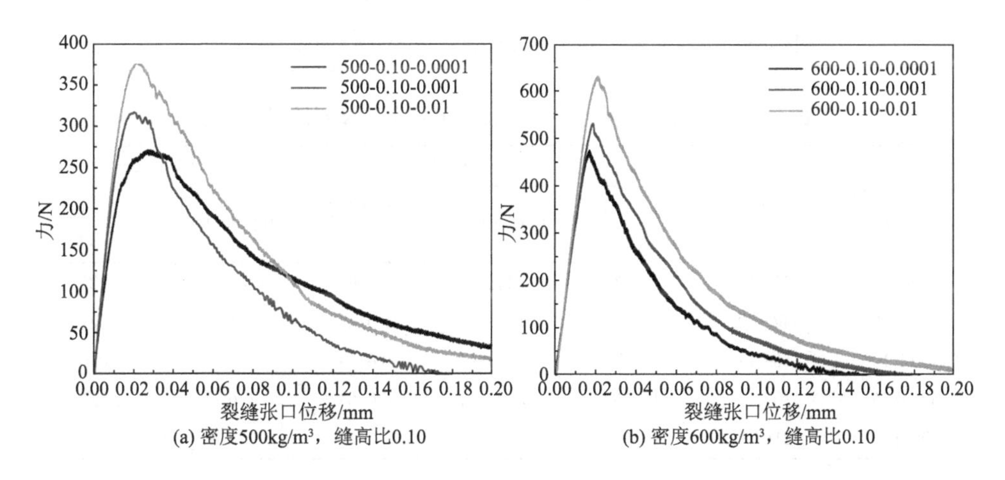

(a) 密度500kg/m³，缝高比0.10　(b) 密度600kg/m³，缝高比0.10

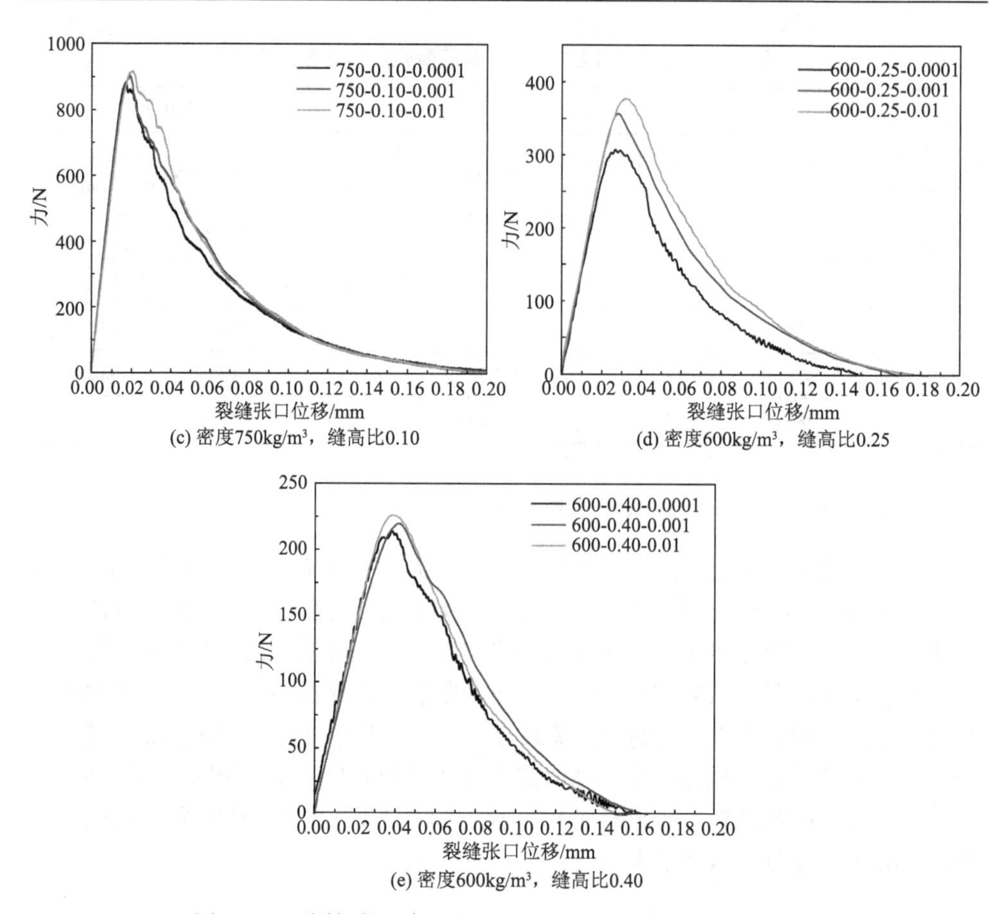

(c) 密度750kg/m³，缝高比0.10

(d) 密度600kg/m³，缝高比0.25

(e) 密度600kg/m³，缝高比0.40

图 4-35　不同加载速率下泡沫混凝土 *P*-CMOD 曲线对比分析

表 4-3　不同加载速率下泡沫混凝土峰值荷载及裂缝张口位移

加载工况（湿密度-缝高比）	0.0001mm/s		0.001mm/s		0.01mm/s	
	峰值荷载/N	裂缝张口位移/mm	峰值荷载/N	裂缝张口位移/mm	峰值荷载/N	裂缝张口位移/mm
500-0.10	271.50	0.0272	317.21	0.0205	380.00	0.0213
600-0.10	475.30	0.0171	531.86	0.0187	631.12	0.0213
750-0.10	884.48	0.0174	904.07	0.0194	918.46	0.0207
600-0.25	307.24	0.0269	356.62	0.0283	376.72	0.0323
600-0.40	214.08	0.0593	220.00	0.0420	226.21	0.0394

4. 不同缝高比泡沫混凝土断裂特性

不同缝高比下泡沫混凝土试件试验结果如图 4-36 所示。密度和加载速率一定时，不同缝高比试件所承受的峰值荷载以及裂缝张口位移列于表 4-4 中。不同于密度以及加载速率对试验结果的影响，缝高的存在作为一种初始缺陷，对于泡沫

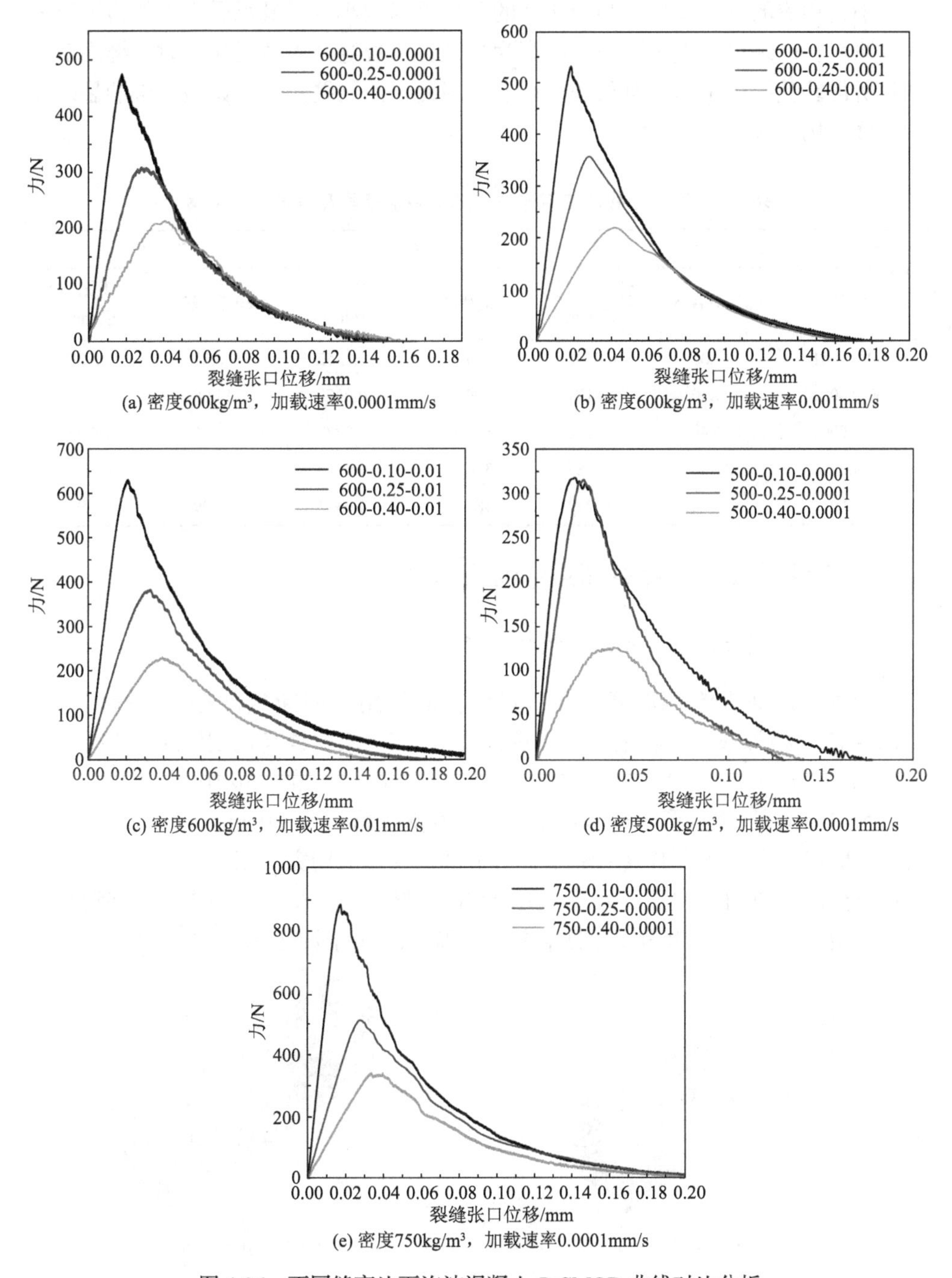

(a) 密度600kg/m³，加载速率0.0001mm/s

(b) 密度600kg/m³，加载速率0.001mm/s

(c) 密度600kg/m³，加载速率0.01mm/s

(d) 密度500kg/m³，加载速率0.0001mm/s

(e) 密度750kg/m³，加载速率0.0001mm/s

图 4-36　不同缝高比下泡沫混凝土 *P*-CMOD 曲线对比分析

混凝土承受荷载的能力具有明显的削弱作用，而其在峰值点下的变形能力却大幅增强。在三点弯荷载作用下，随着缝高的增长，试件抵抗荷载作用的截面面积逐渐减小，相应的试件受拉区与受压区的面积逐渐减小，是其承受荷载能力下降的直接原因。以缺口尖端为圆心，缝高为半径，当裂缝开展宽度相同时，缝高对于试验所得裂缝张口位移具有很大的影响。因此，不同缝高下，试验获得的裂缝张口位移变化明显。

表 4-4　不同加载速率下泡沫混凝土峰值荷载及裂缝张口位移

加载工况（湿密度-加载速率）	0.10		0.25		0.40	
	峰值荷载/N	裂缝张口位移/mm	峰值荷载/N	裂缝张口位移/mm	峰值荷载/N	裂缝张口位移/mm
500-0.0001	317.01	0.0206	314.80	0.0252	126.27	0.0409
600-0.0001	475.30	0.0171	309.47	0.0270	214.08	0.0386
750-0.0001	884.48	0.0174	511.87	0.0277	341.45	0.0397
600-0.001	531.86	0.0187	356.62	0.0283	220.00	0.0420
600-0.01	631.12	0.0213	383.38	0.0332	230.99	0.0396

4.2.3　泡沫混凝土三点弯断裂数值模拟

1. 泡沫混凝土三点弯有限元模型介绍

为进一步研究泡沫混凝土在三点弯荷载作用下的断裂过程，用商用软件ABAQUS来模拟泡沫混凝土三点弯断裂试验。三种不同缝高比试件的三维模型如图 4-37 所示。模型尺寸与试件实际尺寸保持一致，为 100mm×100mm×400mm，缝宽为 3mm；加载点位于模型跨中，下部两支座跨长为 300mm，同样与实际加载条件保持一致。在 ABAQUS 中，对下部两支座采用完全固定约束，上部加载滚轴只允许 y 方向的位移。另外，采用六面体结构化网格对模型进行网格划分，单元类型为 C3D8R，为确保计算结果的精确性，对跨中网格进行加密处理。

(a) 缝高比为 0.1

(b) 缝高比为 0.25

(c) 缝高比为 0.4

图 4-37　不同缝高比有限元模型

在传统有限元计算中，黏聚力模型（cohesive zone modeling，CZM）用来模拟损伤，但是 ABAQUS 需要预先定义裂缝位置，并且裂缝的扩展是通过删除单元来实现的。在本研究中，XFEM 与 CZM 的耦合允许损伤起始和裂缝的贯穿，而无须预先定义裂缝位置或方向。裂缝的出现遵循裂缝扩展准则——双线性牵引分离定律，该定律定义了施加力与相对位移之间的双线性关系。双线性的关系将单元的损伤过程分为三个部分：①初始损伤阶段。该阶段为线性上升段，顶点为峰值强度，斜率为弹性阶段的刚度；②损伤累积阶段。该阶段为线性下降段，阶段末的位移为材料的极限变形；③裂缝扩展区域阶段。当相对位移达到极限变形时，意味着单元失效，同时也意味着裂缝的扩展。

在本研究中，双线性牵引分离定律的损伤起始准则基于最大主应力准则（MAXPS）。最大主应力准则通过单元最大主应力与允许最大主应力的比值 R 来判断损伤，其表达式如式（4.16）所示。

$$R=\frac{\sigma_n}{\sigma_{\max}^0},\quad \sigma_n=\begin{cases}0, & \sigma_n<0\\ \sigma_n, & \sigma_n>0\end{cases} \tag{4.16}$$

式中，σ_n 为单元最大主应力；$\sigma_{\max}^0$ 为单元允许的最大主应力。当 R 达到临界值 1 时，即意味着损伤的发生。

在 ABAQUS 中，材料的损伤演化可以通过指定总断裂能或失效时相对位移来表征，选用断裂能作为材料失效判断的依据。

在本研究中，泡沫混凝土弹性模量的计算参考规范 DL/T 5332—2005《水工混凝土断裂试验规程》:

$$E=\frac{1}{tc_i}\left[3.70+32.60\tan^2\left(\frac{\pi}{2}\frac{a_0+h_0}{h+h_0}\right)\right] \tag{4.17}$$

$$c_i=\frac{\delta_i}{F_i} \tag{4.18}$$

式中，t为试件厚度，m；h为试件高度，m；h_0为夹式引伸计刀口薄钢板的厚度，m；a_0为初始裂缝长度，m；δ_i与F_i分别为试件P-CMOD曲线上升直线段上任一点的位移与荷载。

泡沫混凝土最大主应力计算参考式（4.19）：

$$f_{\mathrm{t}} = \frac{3P_{\max}S}{2t(h-a_0)^2} \tag{4.19}$$

式中，f_{t}为最大主应力，Pa；$P_{\max}$为峰值荷载；S为支座跨长。

此外，泡沫混凝土断裂能则参考日本JCI-S-001规范提出的方法计算：

$$G_{\mathrm{f}} = \frac{0.75W_0 + W_1}{A_{\mathrm{lig}}} \tag{4.20}$$

$$W_1 = 0.75\left(\frac{S}{L}m_1 + 2m_2\right)g \cdot \mathrm{CMOD_c} \tag{4.21}$$

式中，G_{f}为断裂能，N/m；W_0为P-CMOD曲线所包围的面积，N · m；W_1为试件重量所做的功，N · m；A_{lig}为断裂韧带的面积；m_1为试件的质量，kg；L为试件长度，m；m_2为加载滚轴质量，kg；$\mathrm{CMOD_c}$为试件断裂时裂缝张口位移，mm。

2. 泡沫混凝土三点弯数值模拟结果

在模拟过程中，由于泡沫混凝土材料与普通混凝土材料的差异性、混凝土材料本身的离散性以及加载率效应等因素的综合作用，泡沫混凝土输入的材料参数需要经过多次校准。首先对不同密度泡沫混凝土试验结果进行模拟，选定缝高比为0.10、加载速率为0.0001mm/s的三种泡沫混凝土试验结果。三种泡沫混凝土材料参数设置如表4-5所示。图4-38展示了计算所得P-CMOD曲线与试验所得P-CMOD曲线的对比。结果表明，有限元计算结果与试验结果吻合，XFEM为三点弯断裂试验的数值模拟提供了一个合适的工具。

表4-5　泡沫混凝土材料参数设置

密度/（kg/m^3）	弹性模量/GPa	泊松比	最大主应力/MPa	断裂能/（N/m）
500	0.66	0.2	0.264	1.81
600	1.10	0.2	0.290	1.83
750	1.51	0.2	0.663	3.96

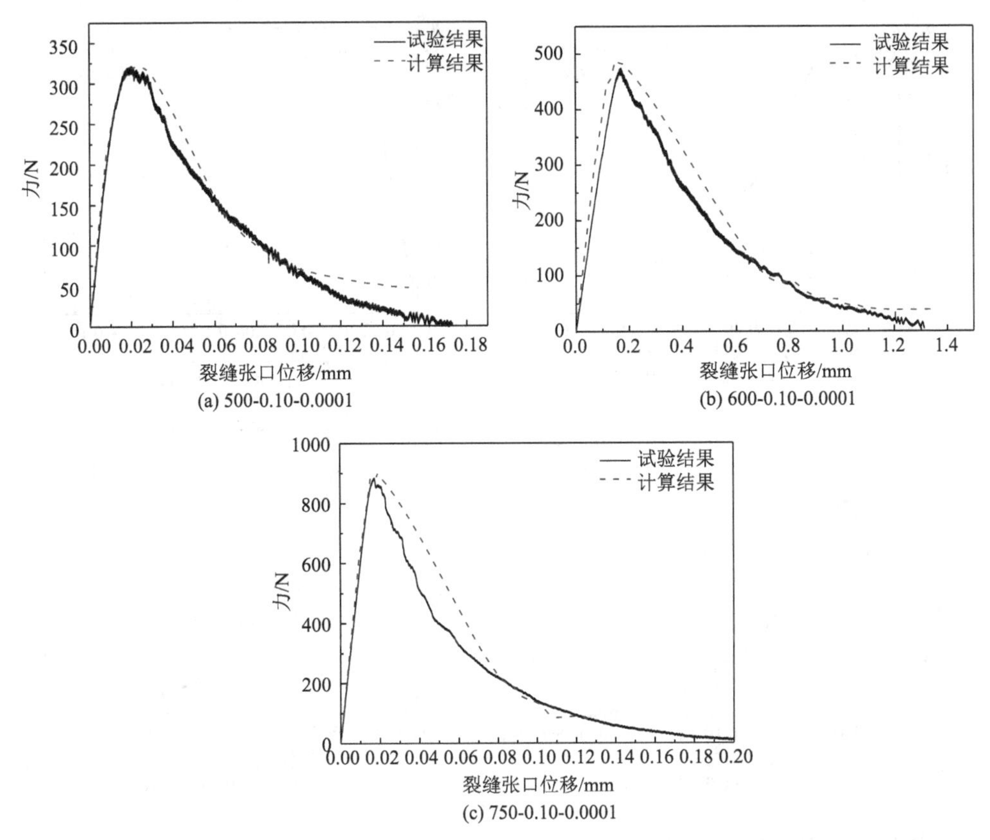

图 4-38　不同密度泡沫混凝土有限元计算结果与试验结果对比（密度-缝高比-加载速率）

有研究表明，当加载速率发生变化时，材料计算所得弹性模量有所波动，但是变化很小，可以忽略不计。因此，取同一密度泡沫混凝土弹性模量为定值。而最大主应力以及断裂能计算结果受试验所得曲线影响，输入参数需根据试验结果进行相应调整。基于此，选取密度为 600kg/m^3 的泡沫混凝土试件，对其在不同加载速率以及不同缝高比条件下的断裂过程进行模拟，模拟结果如图 4-39 所示。可以发现，计算所得结果能够很好地吻合试验结果。进一步验证了 XFEM 模拟三点弯试验的可行性。

基于计算结果，对泡沫混凝土在三点弯荷载作用下的裂缝扩展过程进行研究。图 4-40 展现了密度为 500kg/m^3、缝高比为 0.10、加载速率为 0.001mm/s 的泡沫混凝土在三点弯荷载作用下的裂缝扩展过程。图中分别呈现了三个关键节点泡沫混凝土裂缝的发展情况：①裂缝开始出现时；②试件承受荷载达到峰值时；③泡沫混凝土失效点。由于预制缝的存在，在应力集中的作用下，裂缝首先出现于缺口尖端附近；随着位移荷载的增大，裂缝尖端的单元符合损伤演化准则，单元开裂，

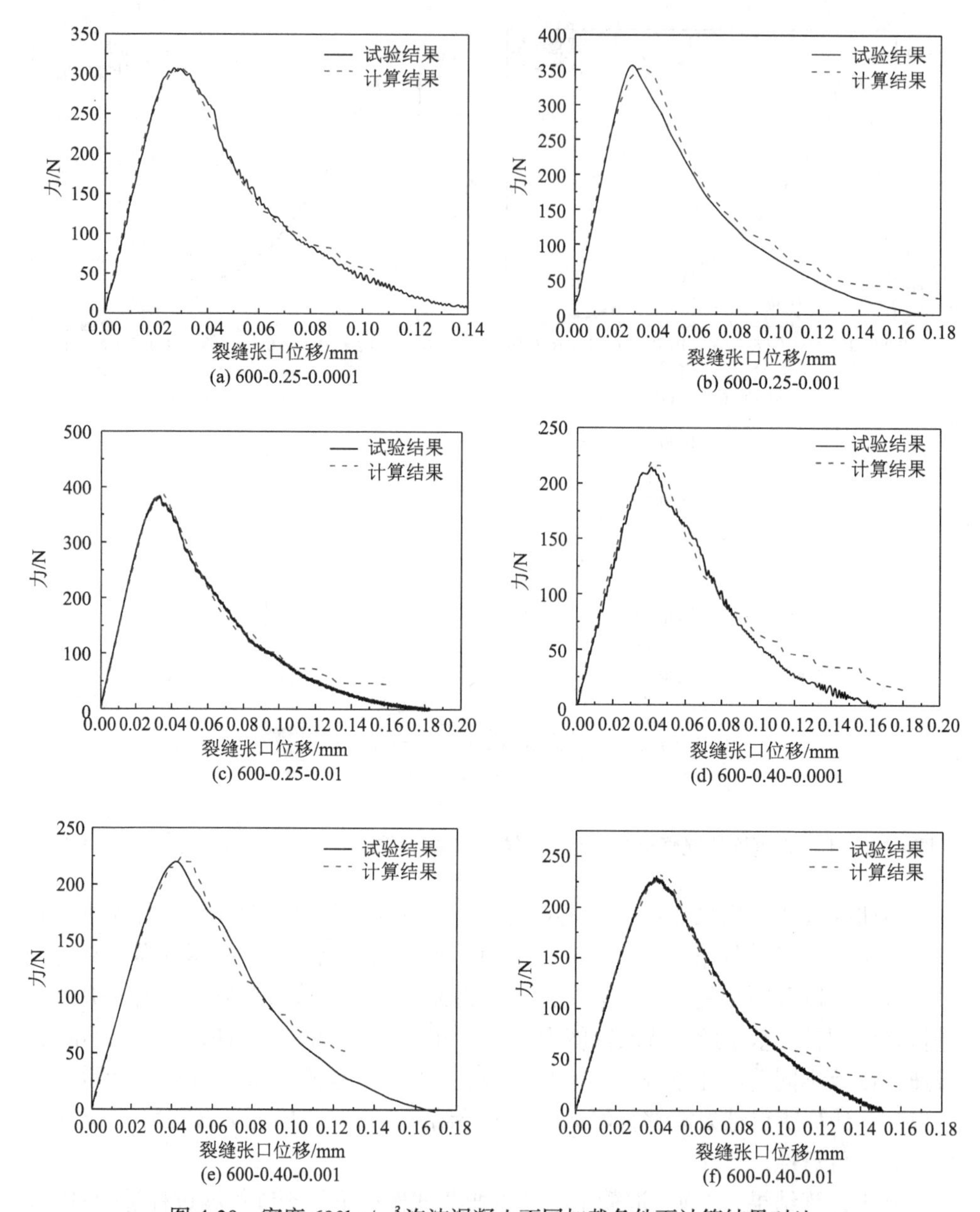

图 4-39　密度 600kg/m^3 泡沫混凝土不同加载条件下计算结果对比

分裂为两个单元；然后，应力集中转移至下一单元；随着荷载的增加，以上过程不断循环，裂缝不断发展，直至失效点。

如前文所述，裂缝扩展遵循最大主应力准则，裂缝面与最大主应力方向垂直，表现为拉伸破坏，这与泡沫混凝土在三点弯荷载作用下的破坏原因一致。由于在建模过程中，泡沫混凝土试件被当成均质材料，试件是完全对称的，因此裂缝扩展发生在试样的中心带上。然而，在实际试验过程中，裂缝的扩展过程将会受到不同孔隙分布的影响。

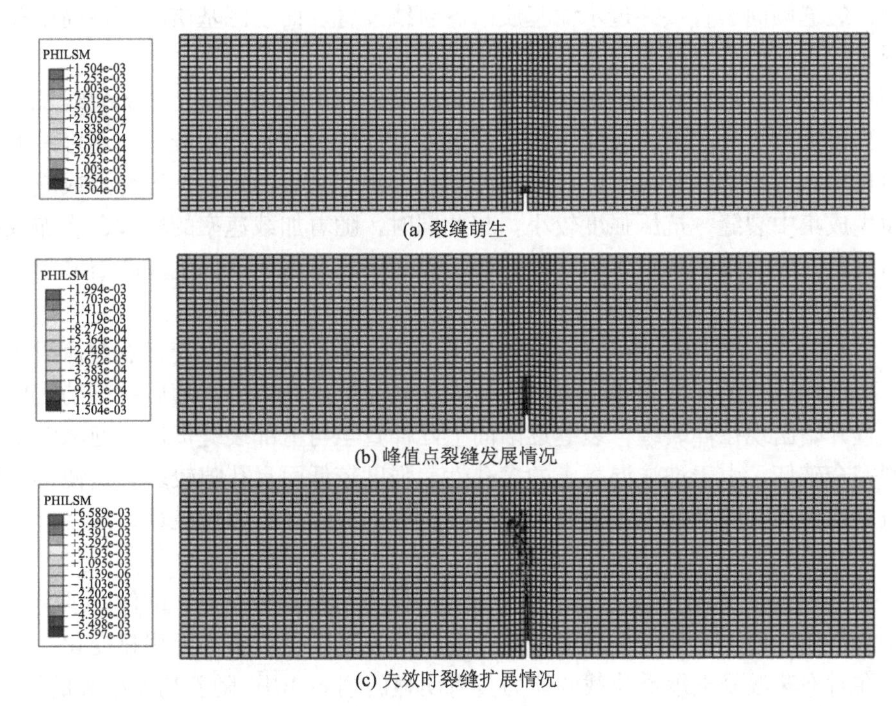

(a) 裂缝萌生

(b) 峰值点裂缝发展情况

(c) 失效时裂缝扩展情况

图 4-40　密度为 500kg/m^3、缝高比为 0.10、加载速率为 0.001mm/s 的泡沫混凝土三点弯荷载作用下裂缝扩展过程

4.3　本 章 小 结

针对不同密度的泡沫混凝土进行了细观参数测试、轴压、三点弯断裂试验研究。此外，基于有限元模拟，对泡沫混凝土的孔隙特征、受压本构关系和三点弯荷载作用下的断裂过程进行研究，得到的主要结论如下。

（1）随着密度的增大，泡沫混凝土内部孔隙更少且分散，使应力分散作用于水泥基质，不容易形成应力集中，表现为承载能力的显著增强。当泡沫混凝土密度较小时，加载速率与抗压强度具有较强的正相关性。然而，随着密度的增大，这种正相关性逐渐减弱。

（2）对于三点弯拉，泡沫混凝土主要是拉伸破坏，而孔隙周围的水泥基质抗拉能力较弱。所以，当密度较低时，泡沫混凝土内部的孔隙会更密集，以此把水泥基质分割成较薄的抗拉面，致使抗拉强度急剧下降。当加载速率较低时，泡沫混凝土梁发生破坏所用的时间较长，在此期间，由于受力生成的裂缝将沿着孔隙周围最薄弱的区域扩展，形成粗糙的破坏断面；而当加载速率较高时，加载周期较短，裂缝倾向于直接穿过水泥基质沿着直线发育。而水泥基质的韧性高于孔隙区域，导致高加载速率下泡沫混凝土梁强度更高。

（3）利用 DEM 较准确地捕捉到单轴压缩作用下泡沫混凝土内部裂缝发育情况。当密度较大时，泡沫混凝土内部裂缝发育比较分散且数量较少，不容易形成应力集中；而当密度较大时，其内部裂缝比较集中且数量较多，容易形成应力集中而生成集中裂缝，抗压强度较小。与此同时，随着加载速率的增大，当加载速率增大时，应力集中现象逐渐加重，而应力集中越严重，内部生成的裂缝越多，试样越容易失效，抗压能力越弱。

（4）由数值模拟内部裂缝发育全过程可知，当泡沫混凝土受三点弯荷载作用时，上部加载处及下部支座附近应力较大，最先产生微裂缝。随后在梁的底部中线位置开始出现拉伸裂缝，裂缝逐渐向上延伸直至与上部裂缝贯通，泡沫混凝土模型完全破坏。由于泡沫混凝土的多孔性、强度较低而且孔隙较多，这使得内部应力更容易在孔隙处集中，致使拉伸破坏产生的裂缝多于剪切破坏，最终形成拉伸破坏。

（5）三点弯断裂试验结果存在率效应，随着加载速率上升，试件所承受的峰值荷载也相应增大，而其在峰值荷载作用下的裂缝张口位移并无明显变化。缝高的存在对泡沫混凝土承受荷载的能力具有明显的削弱作用，随着初始缝高的增长，承受荷载作用的截面面积减小，其承受的峰值荷载也明显下降。

（6）利用有限元模拟泡沫混凝土失效全过程，从孔隙尺度解释加载速率和密度对单轴压缩强度及三点弯拉强度的影响，更加直观地解释泡沫混凝土的破坏机理，为泡沫混凝土在基础工程中的应用提供技术支撑。

参 考 文 献

[1] Ngo T, Hajimohammadi A, Sanjayan J, et al. Characterisation tests and design of foam concrete for prefabricated modular construction. Concrete in Australia, 2017, 43(3): 43-50.

[2] Nguyen T, Ghazlan A, Kashani A, et al. 3D meso-scale modelling of foamed concrete based on X-ray computed tomography. Construction and Building Materials, 2018, 188: 583-598.

[3] Wang B, Chen Y, Fan H, et al. Investigation of low-velocity impact behaviors of foamed concrete material. Composites Part B: Engineering, 2019, 162: 491-499.

[4] Adams T, Vollpracht A, Haufe J, et al. Ultra-lightweight foamed concrete for an automated facade application. Magazine of Concrete Research, 2019, 71(8): 424-436.

[5] Kunhanandan Nambiar E K, Ramamurthy K. Influence of filler type on the properties of foam concrete. Cement and Concrete Composites, 2006, 28(5): 475-480.

[6] Liu M Y J, Alengaram U J, Jumaat M Z, et al. Evaluation of thermal conductivity, mechanical and transport properties of lightweight aggregate foamed geopolymer concrete. Energy and Buildings, 2014, 72: 238-245.

[7] Su B, Zhou Z, Li Z, et al. Experimental investigation on the mechanical behavior of foamed concrete under uniaxial and triaxial loading. Construction and Building Materials, 2019, 209: 41-51.

[8] Zhang Z, Provis J L, Reid A, et al. Mechanical, thermal insulation, thermal resistance and acoustic absorption properties of geopolymer foam concrete. Cement and Concrete Composites, 2015, 62: 97-105.

[9] Hilal A A, Thom N, Dawson A. The use of additives to enhance properties of pre-formed foamed concrete. International Journal of Engineering and Technology, 2015, 7(4): 286-293.

[10] Kuzielová E, Pach L, Palou M. Effect of activated foaming agent on the foam concrete properties. Construction and Building Materials, 2016, 125: 998-1004.

[11] Hajimohammadi A, Ngo T, Mendis P, et al. Pore characteristics in one-part mix geopolymers foamed by H_2O_2: The impact of mix design. Materials and Design, 2017, 130: 381-391.

[12] Wee T H, Babu D S, Tamilselvan T, et al. Air-void system of foamed concrete and its effect on mechanical properties. ACI Materials Journal, 2006, 103(1): 45.

[13] Hilal A A, Thom N H, Dawson A R. On entrained pore size distribution of foamed concrete. Construction and Building Materials, 2015, 75: 227-233.

[14] Kunhanandan Nambiar E K, Ramamurthy K. Models for strength prediction of foam concrete. Materials and Structures, 2008, 41(2): 247.

[15] Kunhanandan Nambiar E K, Ramamurthy K. Air-void characterization of foam concrete. Cement and Concrete Research, 2007, 37(2): 221-230.

[16] Bing C, Zhen W, Ning L. Experimental research on properties of high-strength foamed concrete. Journal of Materials in Civil Engineering, 2011, 24(1): 113-118.

[17] Canbaz M, Dakman H, Arslan B, et al. The effect of high-temperature on foamed concrete. Computers and Concrete, 2019, 24(1): 1-6.

[18] He J, Gao Q, Song X, et al. Effect of foaming agent on physical and mechanical properties of alkali-activated slag foamed concrete. Construction and Building Materials, 2019, 226: 280-287.

[19] Bagheri A, Samea S A. Parameters influencing the stability of foamed concrete. Journal of Materials in Civil Engineering, 2018, 30(6): 04018091.

[20] Ma T, Zhang D, Zhang Y, et al. Effect of air voids on the high-temperature creep behavior of asphalt mixture based on three-dimensional discrete element modeling. Materials & Design, 2016, 89: 304-313.

[21] Ma T, Zhang Y, Zhang D, et al. Influences by air voids on fatigue life of asphalt mixture based on discrete element method. Construction and Building Materials, 2016, 126: 785-799.

[22] Suchorzewski J, Tejchman J, Nitka M. Discrete element method simulations of fracture in concrete under uniaxial compression based on its real internal structure. International Journal of Damage Mechanics, 2018, 27(4): 578-607.

[23] Xie C, Yuan L, Zhao M, et al. Study on failure mechanism of porous concrete based on acoustic

emission and discrete element method. Construction and Building Materials, 2020, 235: 117409.

[24] Pieralisi R , Cavalaro S H P , Aguado A . Advanced numerical assessment of the permeability of pervious concrete. Cement and Concrete Research, 2017, 102: 149-160.

[25] Rossi E, Polder R, Copuroglu O, et al. The influence of defects at the steel/concrete interface for chloride-induced pitting corrosion of naturally-deteriorated 20-years-old specimens studied through X-ray computed tomography. Construction and Building Materials, 2020, 235: 1174.

[26] Moradian M, Hu Q, Aboustait M, et al. Direct in-situ observation of early age void evolution in sustainable cement paste containing fly ash or limestone. Composites Part B: Engineering, 2019, 175: 107099.

[27] Mukhopadhyay A, Shi X. Microstructural characterization of Portland cement concrete containing reclaimed asphalt pavement aggregates using conventional and advanced petrographic techniques. Advances in Cement Analysis and Concrete, 2019, 3: 187-206.

[28] Kader M A, Islam M A, Saadatfar M, et al. Macro and micro collapse mechanisms of closed-cell aluminium foams during quasi-static compression. Materials & Design, 2017, 118: 11-21.

[29] Cundall P A. A computer model for simulating progressive large scale movements in blocky rock systems//Proceedings of the Symposium of the International Society of Rock Mechanics，Nancy, 1971.

[30] Cundall P A, Strack O D L. A discrete numerical model for granular assemblies. Geotechnique, 1979, 29(1): 47-65.

[31] Potyondy D O, Cundall P A. A bonded-particle model for rock. International Journal of Rock Mechanics and Mining Sciences, 2004, 41(8): 1329-1364.

[32] Oñate E, Zárate F, Miquel J, et al. A local constitutive model for the discrete element method. Application to geomaterials and concrete. Computational Particle Mechanics, 2015, 2(2): 139-160.

[33] Belytschko T, Black T. Elastic crack growth in finite elements with minimal remeshing. International Journal for Numerical Methods in Engineering, 1999, 45(5): 601-620.

[34] Babuška I, Melenk J M. The partition of unity method. International Journal for Numerical Methods in Engineering, 1997, 40(4): 727-758.

[35] 丁晶. 扩展有限元在断裂力学中的应用. 南京: 河海大学, 2007.

[36] Song J H, Areias P M A, Belytschko T. A method for dynamic crack and shear band propagation with phantom nodes. International Journal for Numerical Methods in Engineering, 2006, 67(6): 868-893.

第5章 高陡地形高性能泡沫混凝土轻质路堤成套技术研究与应用

随着经济社会的发展，各地农村公路的建设都进入飞速发展时期。而随着西部大开发的热潮，以及边远山区交通的需要，一些特殊地理、地貌条件下的公路也在大量修建，以西南地区为例，这些地区的典型地貌是山大沟深，尤其是在云贵川和重庆等多高原和山脉地区。为了与这些地貌相适应，需修建大量的窄路面、多弯道、多变坡的公路。

常规高陡地形路堤施工常采用加筋土挡墙结构，对路堤外侧碾压往往不足，导致路堤边坡失稳，易发生滑坡等灾害，影响道路的正常使用，由于高陡地形外侧路堤碾压难、填土不密实等因素，研究新的施工工艺和新材料迫在眉睫。

5.1 高陡地形高性能泡沫混凝土抗滑轻质路堤施工技术

5.1.1 技术原理

针对高陡坡易滑路段施工，在混凝土搅拌时加入适量的发泡剂，发泡后形成满足施工要求的轻质高性能泡沫混凝土，泵送至浇筑地点。浇筑前对路基进行清理并挖成台阶状，铺上透水土工布，安装好预制挡土墙面板和抗滑锚钉，增强路堤的抗滑性能，撒上一层碎石垫层，再浇筑高性能泡沫混凝土。浇筑完一层后在上面铺一层钢丝网，来增强高性能泡沫混凝土的抗拉强度，在高性能泡沫混凝土养护完成后，靠山一侧填筑种植土，可美化环境，如图 5-1 所示。

5.1.2 施工技术特点及适用范围

1）施工技术特点

在高陡地形上采用高性能泡沫混凝土填筑，不但可以减小填筑荷载，还可以提高路堤抗滑性能，是一种减小路基沉降的材料。

从高陡坡地形路堤沉降角度分析路堤变形与机理，利用高性能泡沫混凝土轻质特点，设置预制混凝土挡墙等措施，提高了路堤的稳定性。

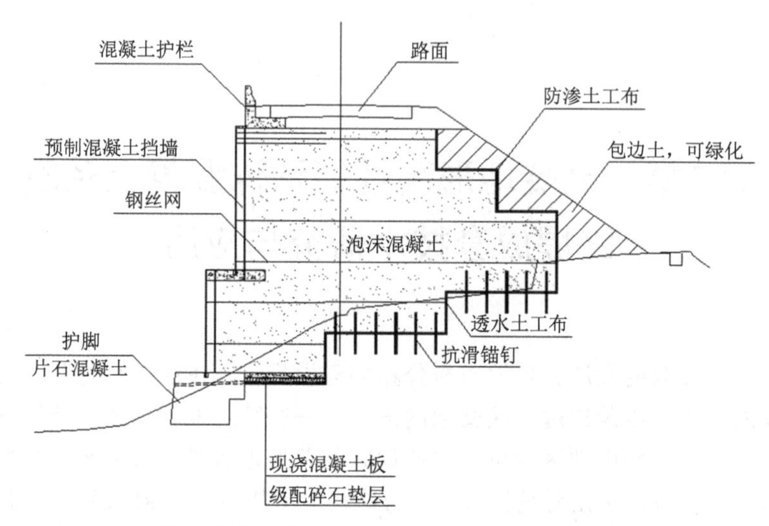

图 5-1　高陡地形高性能泡沫混凝土抗滑轻质路堤断面施工示意图

采用预埋拉筋连接、护脚采用片石混凝土、分层浇筑的高性能泡沫混凝土之间设置钢丝网等措施，保证了高性能泡沫混凝土浇筑质量。

2）适用范围

适用于高陡坡地形、路基易滑坡和路堤需要填筑的地段，以及高性能泡沫混凝土泵送条件适宜的路段。

5.1.3　工艺流程和操作要点

1. 工艺流程

高陡地形高性能泡沫混凝土抗滑轻质路堤施工技术流程如图 5-2 所示。

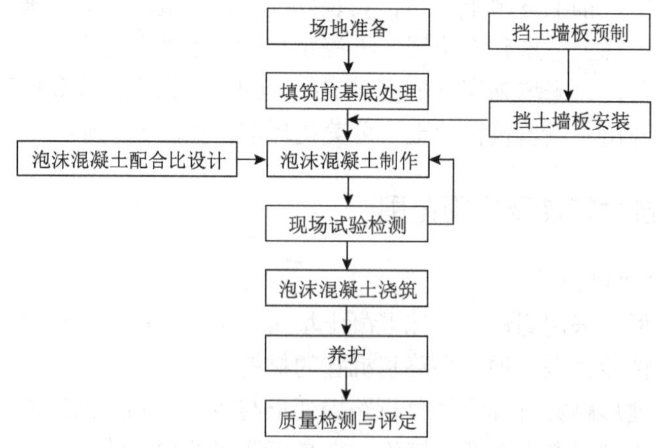

图 5-2　高陡地形高性能泡沫混凝土抗滑轻质路堤施工技术流程

2. 操作要点

1）场地准备

根据实际施工条件，按设计要求进行测量放样，确定边线及基底高程；高性能泡沫混凝土基底为原状土时，应按照 JTG/T 3610—2019《公路路基施工技术规范》的要求进行场地清理、整平压实；在已填筑路堤上浇筑，应满足相应路堤划分区压实度要求；在浇筑高性能泡沫混凝土之前应做好基底防、排水工作，坑槽开挖后宜在最低处开挖宽度不超过 1m 的泄水口，防止坑槽积水。在地下水或地表渗水比较丰富的区域，应采用防渗土工布对高性能泡沫混凝土进行包裹处理，避免地下水长期渗流带走水泥基浆等物质；施工用电就近采用稳定的现场电源，检查用电安全措施是否健全；应结合设备生产能力、工期等要求划分浇筑区和浇筑层；浇筑区内分隔可采用模板等材料，并兼作沉降缝、施工缝。模板及其支撑应具备足够的强度、刚度和稳定性，能承受施工过程中产生的侧压力，不渗漏。

2）填筑前基底处理

路堤施工的基底，按基底的土壤性质、基底地面所处的自然状态，同时结合设计对基底的稳定性要求和路堤填筑高度等采取相应的方法与措施处理。填筑前，按规定对基底范围内的地表杂土、树根等进行清除，用推土机推除耕植土到指定地点以备复耕，按规定对基地整平压实。对不同高度路堤根据设计文件要求进行基地处理施工。

3）挡土墙板预制

首先，按配合比进行配料，并将全部材料装入搅拌机，搅拌时间不低于 2min；其次，钢筋绑扎，钢筋绑扎结束放入模具；浇筑混凝土，并采用附着式振动平台振捣密实，将混凝土内的气泡排除干净，使混凝土内骨料混合均匀；当混凝土预制板的强度达到要求时方可脱模，拆模后需要继续养护，板块的保温、洒水养护时间为 28d，待养护结束后堆放，并保证预制板表面平整光洁，棱角分明，线条顺直，表面没有蜂窝、麻面、破角掉边等缺陷。

4）抗滑锚钉的安装

斜坡上清除表层土层至中风化基层，然后开挖台阶，台阶宽度不小于 2m，每个台阶上打设抗滑锚钉，锚钉采用直径 25mm 的 HRB400 钢筋，长 2m，锚钉打设间距横向 1m，纵向 2m，间距每两个相邻锚钉间采用直径为 25mm 的钢筋焊接，焊接符合相关规范要求。

5）基底处理

设置高性能泡沫混凝土路段较高一侧的底部采用台阶基础做护脚兼保护基础，基础采用 C25 片石混凝土浇筑，基础嵌入中风化基岩深度不小于 0.5m，基础埋深大于 1m，台阶高宽比小于 2，台阶宽度大于 50cm，台阶布置可根据具体地质条件确定。

6）高性能泡沫混凝土浇筑

高性能泡沫混凝土采用分层浇筑，单层浇筑厚度宜为30～80cm，浇至路面架构下 50cm 处，高性能泡沫混凝土与结构面层之间采用级配碎石作为保护垫层，该垫层不应采用振动压实。碎石采用级配良好的硬质石料，遇水软化的岩质不可采用（如泥岩等），最大粒径不大于10cm，压实度大于95%，因路面有纵、横坡的要求，宜在高性能泡沫混凝土顶层设置台阶。

7）养护

浇筑后采用覆盖浇水的养护方式，浇筑完3～12h内用草帘、芦席、麻袋、锯末、湿土和湿沙等适当的材料将混凝土覆盖，并经常浇水保持湿润。高性能泡沫混凝土浇水养护日期对硅酸盐水泥、普通水泥和矿渣水泥拌制的混凝土不得少于7d。掺用缓凝性外加剂或有抗渗要求的混凝土，不得少于14d；当气温大于15℃时，在混凝土浇筑过后的3d中，白天至少每3h浇水一次，夜间也应浇水2次，当混凝土强度满足设计要求时，进行下一个工序的施工。

5.1.4　材料及设备

1. 材料

1）高性能泡沫混凝土

现浇高性能泡沫混凝土吸水性较小，相对独立的封闭气泡及良好的整体性使其具有一定的防水性能，气泡混合轻质土的多孔性使其具有低的弹性模量，从而使其对冲击荷载具有良好的吸收和分散作用。干体积密度为300～1600kg/m^3，相当于普通水泥混凝土的1/8～1/5，抗压强度为0.6～25.0MPa。

2）发泡剂

主要原料采用无污染的动物蛋白、植物蛋白、高分子合成蛋白，无论对生产者还是使用者及环境都不会产生任何副作用。其特点是稀释倍率高、发泡速度快，能使泡沫均匀，液膜坚韧，稳定性好，泌水率低，持续时间长，且对胶凝材料无任何影响。

3）其他材料

级配碎石、发泡剂、抗滑锚钉、透水土工布、排水管、种植土、钢丝网、角钢和钢筋等材料。

2. 设备

高陡地形高性能泡沫混凝土抗滑轻质路堤施工技术主要机具设备如表5-1所示。

表 5-1　高陡地形高性能泡沫混凝土抗滑轻质路堤施工技术主要机具设备

序号	名称	规格（型号）	单位	数量
1	发泡机	SHLW-60	台	1
2	推土机	TY220	台	1
3	反铲挖掘机	PC200-3	台	1
4	自卸汽车	15-18T	台	1
5	混凝土搅拌输送车	26T	辆	1
6	凿岩机	YGZ90	台	1
7	小推车	—	辆	3
8	切缝机	—	台	1
9	混凝土喷射机	GYP-90	台	1
10	电动蛙式打夯机	HW60	台	1

5.1.5　质量控制措施

1）工程技术控制标准

本技术严格遵照施工技术规范和行业施工技术规程等进行施工和质量控制，主要规范规程参照参考文献[1]～[4]。

2）高性能泡沫混凝土填筑体技术要求

顶（底）面以下（上）50～100cm 位置设置一层网眼为 5cm×5cm 的顶底钢丝网，钢丝直径 3mm，钢丝网片纵横向搭接长度 10cm。抗拉强度大于等于 300MPa，焊点抗剪力大于等于 1.5kN，断裂伸长率大于等于 2.5%。

高性能泡沫混凝土纵向每 10m 设置横向施工缝，在路基中心线和半幅中间位置设置三条纵向施工缝，其他填筑要求如表 5-2 所示。

表 5-2　高性能泡沫混凝土填筑体技术要求

序号	项目	位置	
		路槽下 80cm 范围内	其余区域
1	泡沫混凝土浆体湿容重/（kN/m^3）	≤7.5	≤6.5
2	28d 无侧限抗压强度/MPa	≥0.8	≥0.6
3	孔隙率/%	60	65

5.2　高陡地形滑坡处置高性能泡沫混凝土轻质路堤施工技术

5.2.1　技术原理

针对高陡坡滑坡处置段进行施工，在混凝土搅拌时加入适量的发泡剂，发泡后形成满足施工要求的轻质高性能泡沫混凝土。首先对滑坡地段进行卸载，减小路堤荷载，再浇筑高性能泡沫混凝土。为了进一步稳定路堤，再进行边坡卸载，完成后打设抗滑圆桩，进行水沟修复和地面硬化处理，完成了修筑反压护道，进一步提高路堤的抗滑性能，并在易滑坡地段采用直立式挡墙结构，有效缩短放坡距离，节省材料，施工原理如图 5-3 所示。

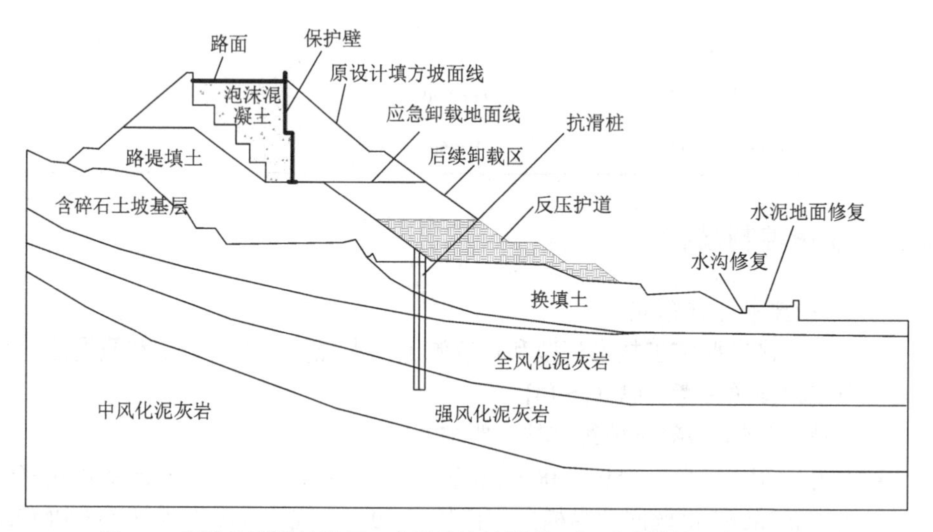

图 5-3　高陡地形滑坡处置，高性能泡沫混凝土轻质路堤施工断面示意图

5.2.2　施工技术特点及适用范围

1）施工技术特点

（1）在高陡滑坡处置工程上采用高性能泡沫混凝土填筑，不仅减小填筑荷载并保证路堤强度，还提高路堤抗滑性能，是一种减小路基沉降的材料。

（2）先进行卸载，再采用轻质高性能泡沫混凝土部分换填路堤填土，有效缩短放坡距离，并进一步卸载，降低路堤荷载，同时在填方坡脚适当增加圆形抗滑桩，进一步提高路基整体稳定安全系数。

（3）在路堤底部设置反压护道和排水设施，减小水对路堤稳定的影响，为防止卸载时发生坍塌等危险，设置应急卸载地面线，增强施工过程的安全性。

2）适用范围

适用于高陡坡地形、路基易滑坡和路堤需要填筑的地段，工况软岩较多的路段，以及需要滑坡处置的路段。

5.2.3　工艺流程和操作要点

1）工艺流程

高陡地形滑坡处置高性能泡沫混凝土轻质路堤施工工艺流程如图 5-4 所示。

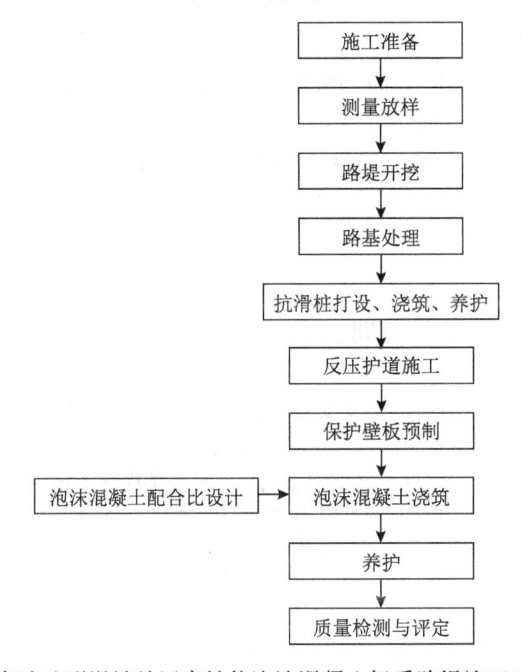

图 5-4　高陡地形滑坡处置高性能泡沫混凝土轻质路堤施工工艺流程图

2）操作要点

（1）施工准备。

与 5.1.3 节“场地准备”内容相同。

（2）路基处理。

与 5.1.3 节“填筑前基底处理”内容相同。

（3）抗滑桩打设、浇筑、养护。

抗滑桩成孔后采用设计说明上指定的标号混凝土进行浇筑，统一搅拌站、统一配料、统一搅拌、统一罐车运输，采用串桶灌注，且每灌注一罐车混凝土采用人工振动棒将混凝土均匀振实；当第一批间隔抗滑桩混凝土灌注施工 28d 后，再进行第二批施工。

（4）反压护道施工。

反压护道采用现浇混凝土护坡方法，工程采用预埋沥青杉木板分缝，必须将杉木板依据设计位置固定牢固，防止在混凝土浇筑过程中出现异动错位现象。如果工程采用机械切缝，要及时进行切缝，防止切缝过晚而使混凝土护坡形成裂缝。

（5）保护壁板预制。

与 5.1.3 节“挡土墙板预制”内容相同。

（6）抗滑锚钉的安装。

与 5.1.3 节“抗滑锚钉的安装”内容相同。

（7）基底处理。

与 5.1.3 节“基底处理”内容相同。

（8）高性能泡沫混凝土浇筑。

与 5.1.3 节“高性能泡沫混凝土浇筑”内容相同。

5.2.4　材料及设备

1）材料

与 5.1.4 节“材料”内容相同。

2）机具设备

试验所需主要机具设备如表 5-3 所示。

表 5-3　高陡地形滑坡处置高性能泡沫混凝土轻质路堤施工技术主要机具设备表

序号	名称	规格（型号）	单位	数量
1	发泡机	SHLW-60	台	1
2	推土机	TY220	台	1
3	反铲挖掘机	PC200-3	台	1
4	自卸汽车	15-18T	台	1
5	混凝土搅拌输送车	26T	辆	1
6	凿岩机	YGZ90	台	1
7	小推车	—	辆	3
8	切缝机	—	台	1
9	混凝土喷射机	GYP-90	台	1
10	串桶	—	段	适量

5.2.5　质量控制措施

1）工程质量控制标准

本技术严格遵照施工技术规范和行业施工技术规程等进行施工和质量控制，

主要规范规程参照参考文献[1]～[4]。

2）质量保证措施

（1）施工过程采取措施保证周围结构不会遭到破坏。

（2）集中设置预制块制作间并采取保温措施，使预制块的制作满足施工要求，不易被冻坏。

（3）采用声波法或声波反射法来测定抗滑桩是否断桩，如果检测出断桩，立即清理重新打设。

（4）反压护道施工与路堤同时进行，而且压实度不小于 90%，检验合格后方可进行下一步施工。

5.3　高陡地形无锥坡桥头轻质路堤施工技术

5.3.1　技术原理

本技术是对高陡地形桥头填筑路堤进行施工的，首先进行开挖，在路基地层铺筑混凝土面板上安装聚氯乙烯（polyvinylchloride，PVC）管，在 PVC 管周围铺筑一层碎石垫层，待铺筑平整后铺上一层透水土工布，在台阶处打入抗滑锚钉，增强路堤的抗滑性能，靠山侧开挖后进行临时锚喷，在靠桥侧设置 T 型钢筋混凝土面板并在内侧焊接角钢，依次衔接设计进行高性能泡沫混凝土浇筑施工，养护完成后，进行路面施工，并安装桥头搭板，防止产生不均匀沉降导致桥头跳车等病害，如图 5-5 和图 5-6 所示。

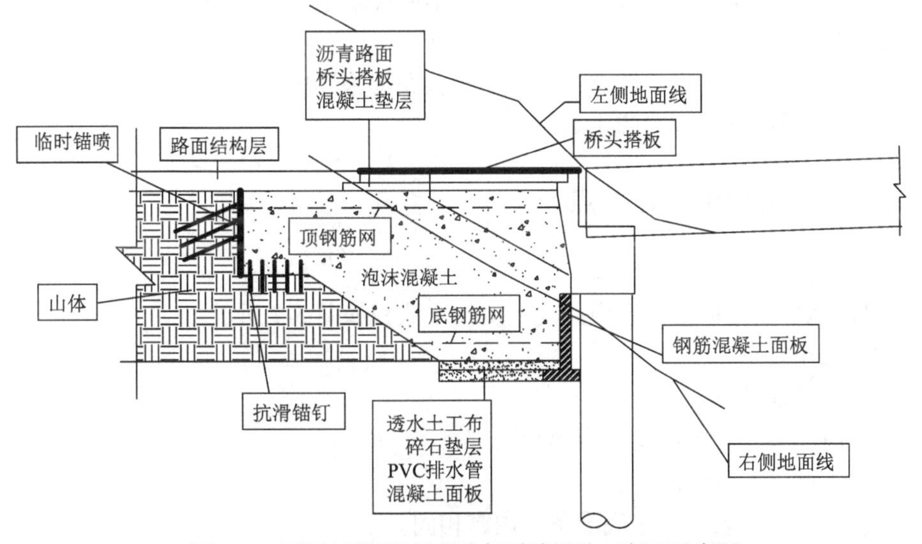

图 5-5　高陡地形无锥坡桥头轻质路堤施工断面示意图

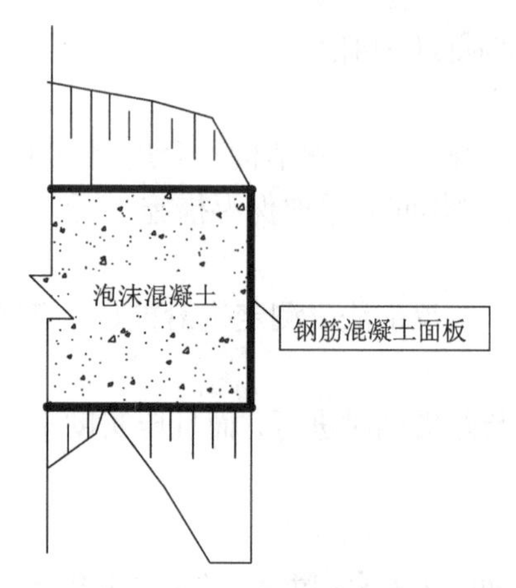

图 5-6　高陡地形无锥坡桥头轻质路堤施工平面示意图

5.3.2　施工技术特点及适用范围

1）特点

（1）在高陡滑坡处置工程上采用高性能泡沫混凝土填筑，不仅减小填筑荷载并保证路堤强度，还提高路堤抗滑性能，是一种减小路基沉降的材料，增强了路堤稳定性。

（2）本工法采用取消桥头锥坡的形式，减少了对边坡的扰动，节省了材料，减少了地质灾害的发生。

（3）采用 T 型钢筋混凝土面板支挡，再采用台阶式放坡开挖，采用斜入式锚入形式，顶层钢筋网连接临时锚喷面和钢筋混凝土面板，增强结构稳定性。

2）适用范围

适用于高陡坡地形、路基易滑坡的桥头路堤施工中，以及岩体有扰动，易产生滑坡等地质灾害的地段施工。

5.3.3　工艺流程和操作要点

1）工艺流程

高陡地形无锥坡桥头轻质路堤施工技术流程如图 5-7 所示。

2）操作要点

（1）场地准备。

与 5.1.3 节“场地准备”内容相同。

（2）填筑前基底准备。

与 5.1.3 节“填筑前基底准备”内容相同。

（3）锚杆施工。

锚杆施工工序为：测量定位→布孔→钻孔→洗孔→灌注砂浆→锚杆安装→孔口封堵→验收。

（4）面板预制。

与 5.1.3 节“挡土墙板预制”内容相同。

（5）抗滑锚钉的安装。

与 5.1.3 节“抗滑锚钉的安装”内容相同。

（6）基底处理。

与 5.1.3 节“基底处理”内容相同。

（7）高性能泡沫混凝土浇筑。

与 5.1.3 节“高性能泡沫混凝土浇筑”内容相同。

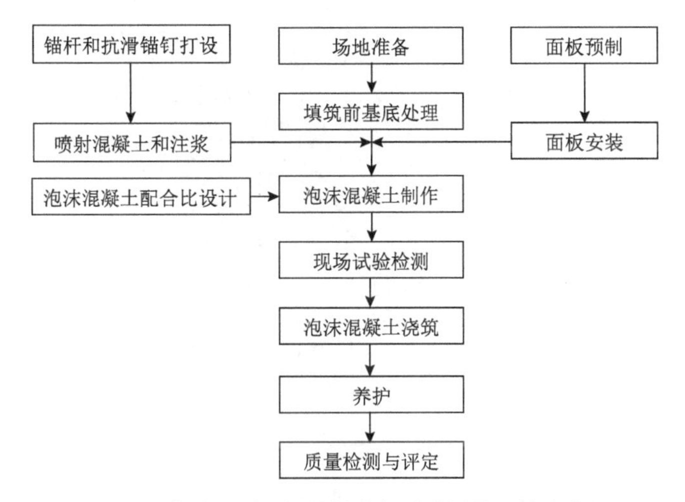

图 5-7　高陡地形无锥坡桥头轻质路堤施工技术流程

5.3.4　材料及设备

1）材料

与 5.1.4 节“材料”内容相同。

2）机具设备

高陡地形无锥坡桥头轻质路堤施工技术主要机具设备同表 5-3。

5.3.5　质量控制措施

1）技术规程

本技术严格遵照施工技术规范和行业施工技术规程等进行施工和质量控制，

主要规范规程参照参考文献[1]～[4]。

2）质量保证措施

与 5.2.5 节“质量控制措施”相同。

参 考 文 献

[1] 中华人民共和国交通运输部. JTG F10—2019 公路路基施工技术规范. 北京: 人民交通出版社, 2019.

[2] 中华人民共和国住房和城乡建设部. JGJ/T 341—2014 泡沫混凝土应用技术规程. 北京: 中国建筑工业出版社, 2014.

[3] 中华人民共和国住房和城乡建设部. CJJ 194—2013 城市道路路基设计规范. 北京: 中国建筑工业出版社, 2013.

[4] 中华人民共和国交通运输部. JTG 3430—2020 公路土工试验规程. 北京: 人民交通出版社, 2020.

第 6 章　高性能泡沫混凝土高陡路堤沉降规律分析

从 JTG D30—2015《公路路基设计规范》及 JTG F10—2019《公路路基施工技术规范》发布实施以来，要求对高路堤进行沉降观测，工程中已积累了大量高路堤的沉降观测资料，为高路堤的变形特性研究总结提供了经验。高路堤的沉降分为施工过程沉降与工后沉降，施工过程沉降指路堤在填筑过程中由压实和自身重力产生的沉降量的总和，工后沉降指路堤填筑完成后由路堤自重荷载和外界压力长时间作用产生的蠕变变形。

由于高路堤建设条件复杂，沉降变形影响因素多，工程中得到的大量沉降观测资料比较零散，还没有归纳出高路堤变形的一般特性和规律。为此，在归纳整理大量高路堤沉降观测结果的基础上，结合工程典型高路堤沉降观测结果，研究高路堤在各个阶段的变形规律，对影响路堤沉降的各个主要因素进行分析。

6.1　测点布置

G354 石阡香树园至河坝段公路改扩建项目位于石阡县境内，线路经泉都、龙塘、龙井、白沙、本庄、河坝等乡镇，路线全长 77.478km；本标段工程内容多，线路长，各种工程内容相互交错，工期任务紧，整个项目绝大部分是在原老路基础上扩建的，部分施工路段地质条件差、山体陡峭、临崖拼宽（一边悬崖、一边峭壁），易发生滑坡等地质灾害，施工难度大，安全风险高。

高路堤的沉降观测内容如下。

（1）为了准确观测路堤填筑过程沉降的规律，每个路堤选择三个断面进行观测，纵向间隔为 20m，横向间隔布置在两侧路肩以及中央分隔带上，同一横断面纵向间隔 2m 布设测点，如图 6-1 和图 6-2 所示。

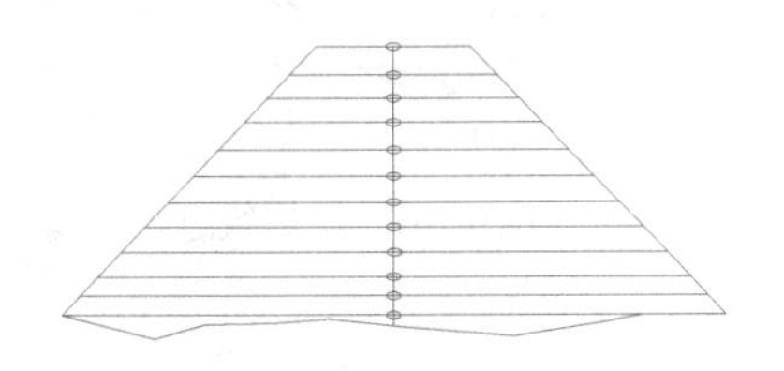

图 6-1　K4+000 路堤横断面测点布置

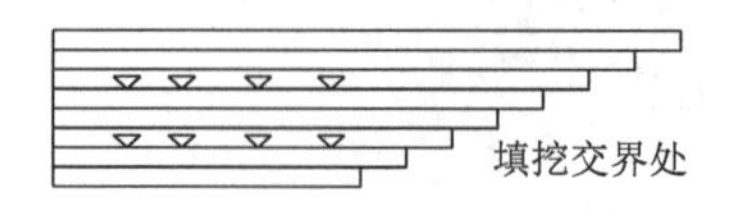

图 6-2　K4+000 路堤纵断面测点布置

（2）工后沉降在路堤填筑完成后布设，布设位置及要求与分层填筑沉降观测要求相同。

（3）采用埋设沉降观测钢筋对路堤沉降进行观测，埋设钢筋直径达到 20mm，长度为 1.2m，测量精度按照国家三等水准精度进行，整个观测过程按国家三、四等水准测量精度要求施测。全程沉降使用水准仪观测，精度达到 1mm。

为了方便观测，路堤每隔 2m 分为一层。为了准确获得高路堤在施工阶段和工后沉降阶段的变形规律，对每段高路堤进行立体式的沉降观测。

路堤沉降的观测时间如表 6-1 所示。

表 6-1　沉降观测时间表

断面	路堤填筑沉降观测	泡沫混凝土施工后沉降观测时间	观测总时间/d
K3+900～K4+100	2018.11.29～2019.1.20	2019.2.20～2019.10.20	295

6.2　施工阶段沉降观测分析

6.2.1　路堤横断面沉降

图 6-3 和图 6-4 为依托工程 K4+000 高路堤第一层、第五层填筑过程沉降量曲线，图中坐标“0”点为路面中心线位置。

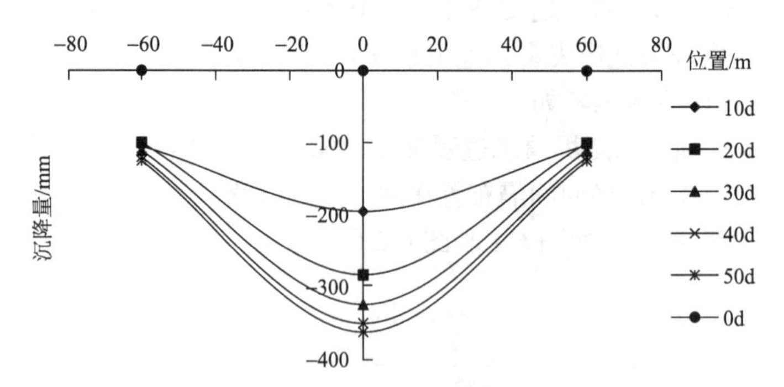

图 6-3　K4+000 高路堤第一层填筑过程沉降量曲线

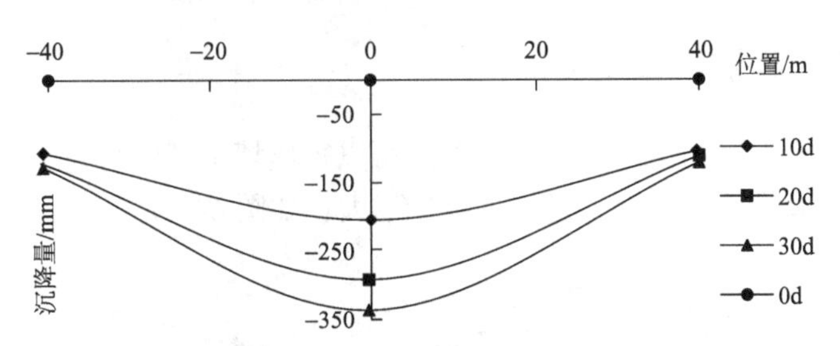

图 6-4　K4+000 高路堤第五层填筑过程沉降量曲线

由图描述的填方路堤的沉降量曲线可以得出，在高性能泡沫混凝土填筑施工阶段，路堤填筑得越高，下方土体受到的荷载越大，因而沉降量越大，沉降的最大值出现在土体最高填方处，这在所有断面存在同样的规律；在沉降的横向分布规律上可以看出，路堤两侧沉降量小，中间沉降量大，各层断面沉降量近似为凹曲线，这说明沉降量与土体承受荷载大小有直接关系。

从图中可以看出，土体竖向位置的沉降量随着路堤填筑的进行逐渐增大，这说明下部土层受到的土压力远大于上部土层。

6.2.2　路堤纵断面沉降

图 6-5 为依托工程 K3+900～K4+100 高路堤第五层填筑过程纵断面沉降量曲线。

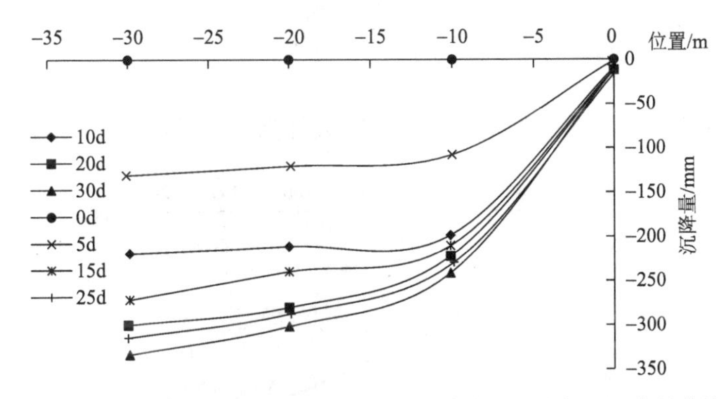

图 6-5　K3+900～K4+100 高路堤第五层填筑过程纵断面沉降量曲线

由图描述路堤纵断面沉降量曲线可以得出，在填挖交界处的路堤沉降变化较小，说明经过处理后的填挖交界处压实程度较好，压缩性小，而远离填挖交界的断面由于受到填土力的作用，沉降量变大，填土高度越大处沉降量越大，产生了明显的差异沉降。

6.2.3　填筑过程沉降量变化

由土中填土高度与沉降量的发展关系可以得出填土高度与施工沉降存在正相关关系，填土高度越大，施工过程沉降量越大，如图 6-6 所示。

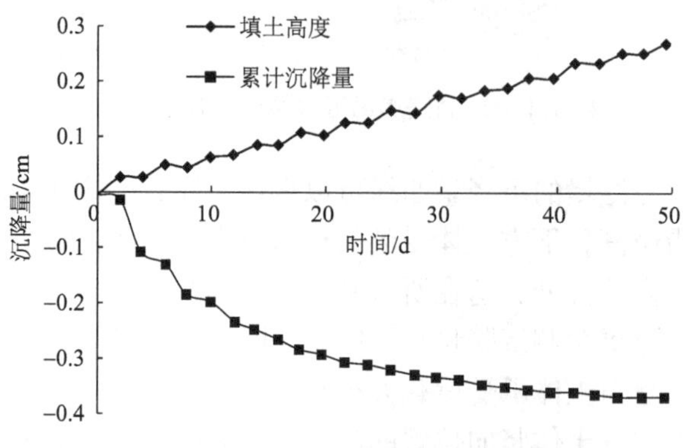

图 6-6　K4+000 第一层路堤填筑高度-时间-沉降曲线

6.3　工后沉降观测及分析

以 K3+900～K4+100 段高路堤填筑顶层的沉降观测资料作为工后沉降的分析对象。

6.3.1　单点沉降变化

图 6-7 为依托工程 K4+000 断面路堤中央处高路堤工后沉降观测曲线。

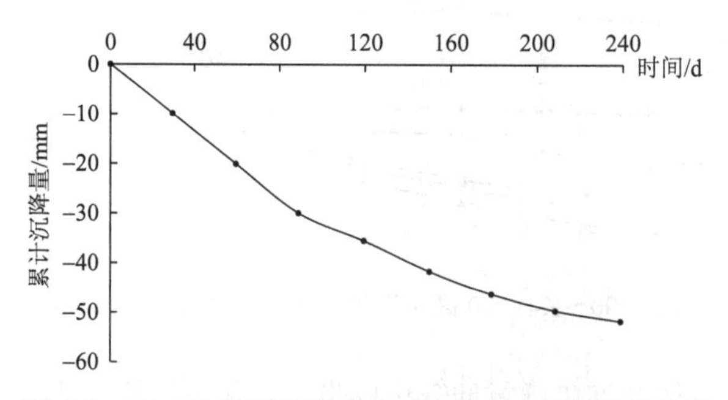

图 6-7　K4+000 断面路堤中央处高路堤工后沉降量曲线

由观测到的工后沉降数据曲线可以看出，工后沉降在施工阶段完成后继续发展，路堤沉降速率逐渐由快变慢，最后趋于稳定，沉降的时间与沉降量基本符合二次曲线关系。

6.3.2　断面沉降变化

图 6-8 是以 K4+000 高路堤第一层工后沉降横断面为研究对象，绘制的 0d、30d、60d、90d、120d、150d、180d、210d、240d 沉降量曲线。

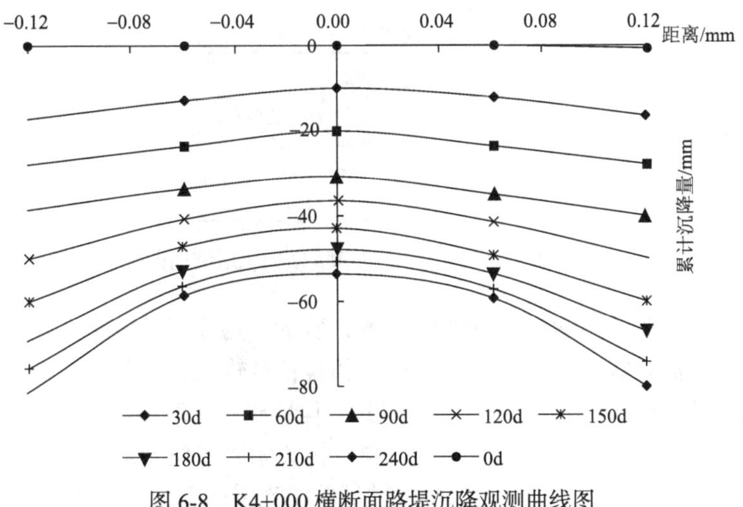

图 6-8　K4+000 横断面路堤沉降观测曲线图

可以看出，随着时间变化，沉降在持续发展，但沉降速率由快变慢，说明填方体已逐渐固结完成。但可以观测到的是，横断面上路堤中央部分的沉降量曲线逐渐从直线变成凸曲线，说明随着时间的进行，路堤中央土受约束力大，进入超固结状态，因而沉降量小；而越往路肩处，边界没有侧向约束，因而沉降量逐渐增大。

6.4　有限元模型的建立

6.4.1　依托工程路基土层参数属性的选取

在实际工程中，地基土层的分布往往是复杂的，土层的厚度也不均匀，不同断面埋深也不一样[1-3]，土层之间的分界线也不是非常明显，即便是对同一层而言，其性质也并非完全相同。因此，想要完全按照实际情况来进行模拟是不现实的，对此，有必要对计算模型中的土层进行适当简化处理。取本工程典型横截面 K70+405～K70+455 断面土层剖面图进行研究，剖面图如图 6-9 所示。根据现场勘察钻孔芯样，原地表下存在一定厚度的破碎、松散堆积层，该堆积体厚度较厚，且岩土分界线呈陡倾状，下伏分别为全风化泥灰岩、强风化泥灰岩和中风化泥灰岩，且全风化层岩质破碎，呈粉末状，强度较低。

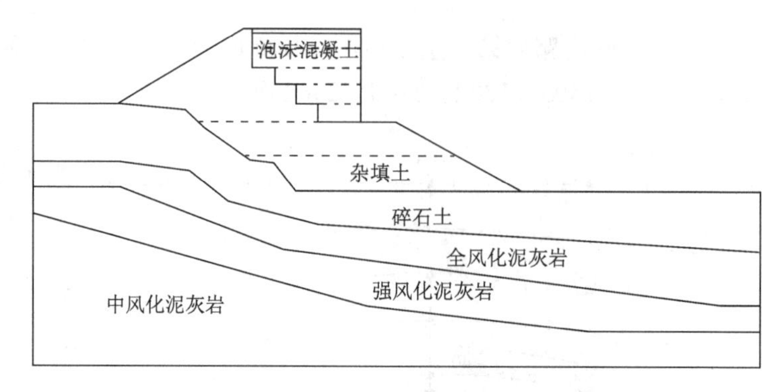

图 6-9　K70+405～K70+455 断面土层剖面图

地基土层主要的力学属性参数如表 6-2 所示，路堤底部填土主要利用路堤施工时的碎石土混合级配砂砾，碎石土层土颗粒粒径较大，局部松散，平均厚度约为 4m，全风化泥灰岩虽然强度较低，但其工程性质比一般粉质黏土良好，处于软岩状态。为了找到适合泡沫混凝土的材料本构关系，各位专家学者做了大量试验进行室内模拟，肖礼经[4]通过大量的三轴试验发现采用普通土体的莫尔-库仑本构关系同样适用于高性能泡沫混凝土的变形分析。高性能泡沫混凝土的整体应力-应变关系也完全可以用弹塑性模型来模拟，同时还指出用邓肯双曲线模型来模拟高性能泡沫混凝土应力-应变关系是完全不合理的。

表 6-2　各土层计算参数

土层	C/（kN/m^2）	φ/(°)	弹性模量 E/MPa	初始孔隙比（e_0）	泊松比 ν	容重 γ /（kN/m^3）	饱和容重 γ_{sat} /（kN/m^3）	本构关系
中风化泥灰岩	25	33	1000	0.1	0.3	26	28	M-C
强风化泥灰岩	20	28	800	0.1	0.3	23	25	M-C
全风化泥灰岩	10	22	500	0.1	0.3	20	24	M-C
碎石土	7	28	50	0.2	0.33	21	23	M-C
杂填土	30	23	40	0.05	0.3	20	21	M-C
高性能泡沫混凝土	7	28	287	0.5	0.25	5.5	5.7	M-C
路面结构层	1000	—	1000	—	0.26	25	25.5	弹性

6.4.2　基本假定

对高性能泡沫混凝土高陡路堤施工的模拟有以下基本假定[5]：

（1）地基各土层均为各向同性弹塑性体。

（2）土体都是饱和、均质的，土层的渗透系数不变。

（3）地基土、高性能泡沫混凝土和路面结构层之间完全连续接触，土层间竖向位移完全耦合，没有相对滑动、脱离；满足变形协调条件。

6.4.3　建立路基有限元模型

以路堤施工实际情况为基准，建立路堤有限元模型。本书采用 Midas/GTS NX 进行数值模拟，因为施工道路的长度远大于宽度，所以简化成二维平面应变问题求解。选取路堤典型横截面 K70+410 断面，查阅 GB 50007—2011《建筑地基基础设计规范》和 JTG 3363—2019《公路桥涵地基与基础设计规范》，选取模型地基计算深度为 38.5m，模型宽度为 84.9m。将建立好的二维平面图以 DXF 文件的格式导入 GTS 软件中。

1. 模型网格划分

与东部沿海地区软土地层不同，本工程所施工断面基底为中风化泥灰岩和强风化泥灰岩，强度较高，土质情况良好，所产生的沉降几乎可以忽略不计，路基沉降以全风化泥灰岩上部的碎石土和高填方段的填土沉降为主。因此，取高性能泡沫混凝土、碎石土和杂填土的网格布种为 0.5，全风化泥灰岩网格布种取 1.0，强风化泥灰岩网格布种取 1.5，中风化泥灰岩网格布种为 2.0，这样划分网格更有利于模拟计算且不影响分析精度，模型网格划分如图 6-10 所示。

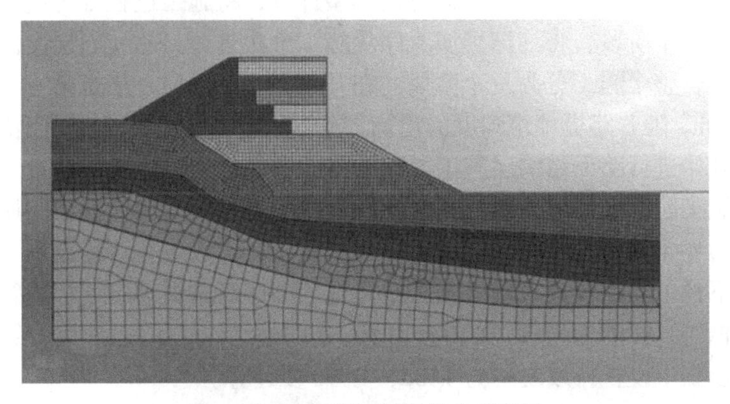

图 6-10　路堤断面网格划分示意图

2. 设置边界条件

在模型的整体坐标系中，*X* 轴表示水平方向，*Y* 轴表示竖直方向。结合施工现场工况，在模型左、右两侧施加 *X* 方向的水平约束；模型底部施加 *Y* 方向的约束。通过 Midas 程序里的荷载-自重，定义自重荷载，同时在路面结构层施加 40kN/m 的压力模拟行车荷载；因为碎石土渗透系数较大，为准确模拟固结沉降，在碎石土与全风化泥灰岩边界处设置排水边界；地下水位设置成 *Y* 方向 20m 处。模型边界条件设置示意图如图 6-11 所示。

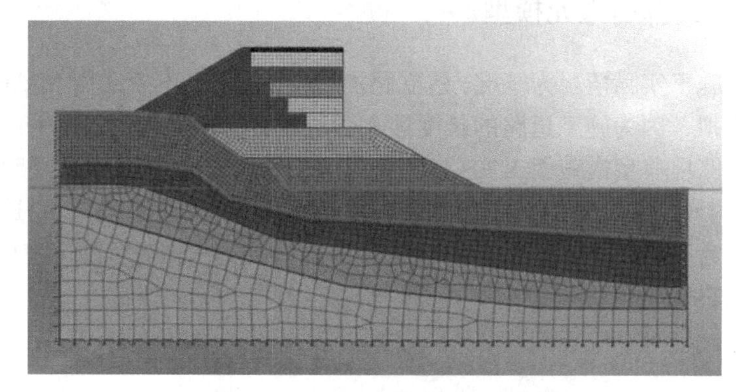

图 6-11 模型边界条件设置示意图

3. 施工阶段模拟

地基土层的内力与变形是随着路堤的填筑而变化的，高性能泡沫混凝土进行填方施工时，不需要进行碾压操作，对地基的附加应力主要由填筑材料的自重产生。在实际施工过程中，先对原填土路堤边坡进行台阶开挖处理，但其开挖量非常小，故本次模拟中不予考虑。为方便模型计算，将施工过程分为泡沫轻质土和路面结构层两个阶段，将泡沫轻质土路堤施工分次进行，总计五层，由下往上逐层浇筑施工，整个施工分为六个阶段。在开挖好阶梯面后，浇筑第一层高性能泡沫混凝土 2m，随着路堤填筑高度的增加，右侧往上继续加设挡板，当浇筑层达到五层时，开始进行路面结构层施工，直至路面高度达到设计高程。

进行施工阶段模拟时，首先定义地基初始应力分析，激活模型中所有地基土层、地基边界条件与自重荷载；同时，在初始阶段勾选位移清零选项。接着按照工况，由下往上对路堤进行填筑施工，按施工顺序对路堤填筑过程进行模拟，每层填筑模拟持续时间为 30d，分 10 步计算；在路面结构施工完成后激活行车荷载，并在时间步骤中设置持续时间为 180d，分 90 步计算。

6.5　路堤变形模拟分析

6.5.1　高性能泡沫混凝土路堤填筑高度对基底竖向位移的影响

K70+410 高性能泡沫混凝土高陡路堤填筑施工沉降模拟云图如图 6-12 所示。

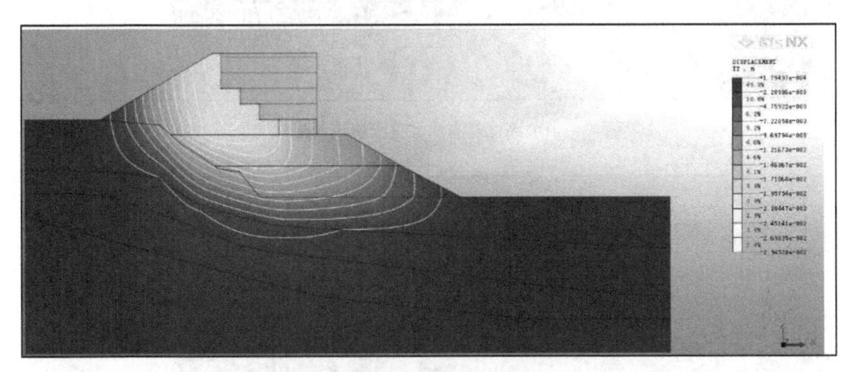

(a) 高性能泡沫混凝土填筑 2m

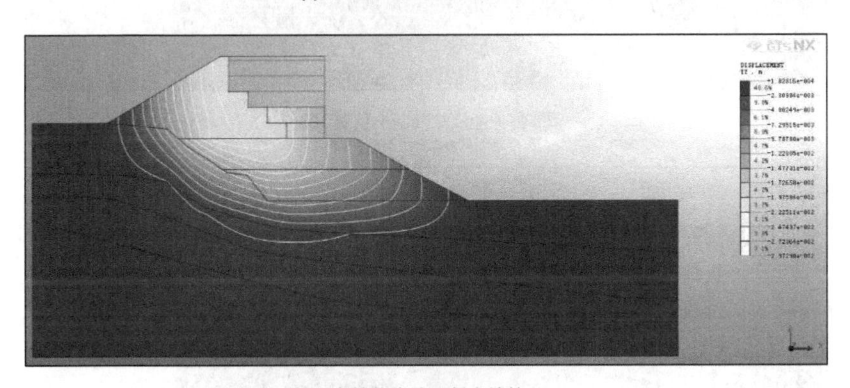

(b) 高性能泡沫混凝土填筑 4m

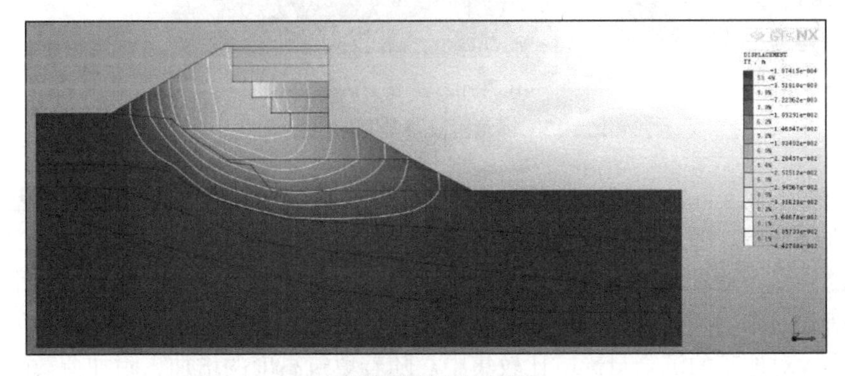

(c) 高性能泡沫混凝土填筑 6m

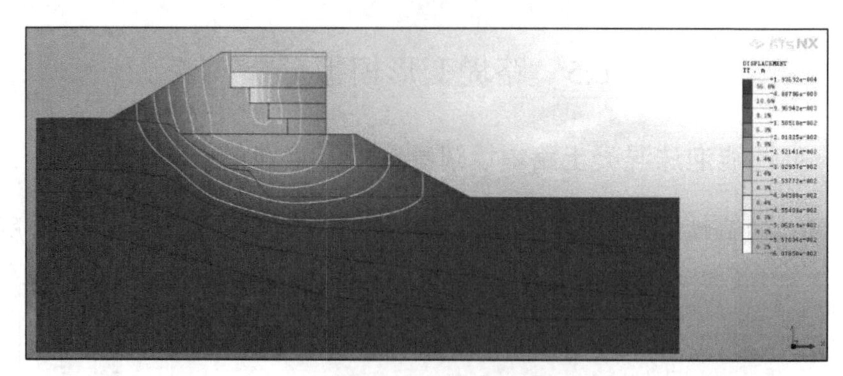

(d) 高性能泡沫混凝土填筑 8m

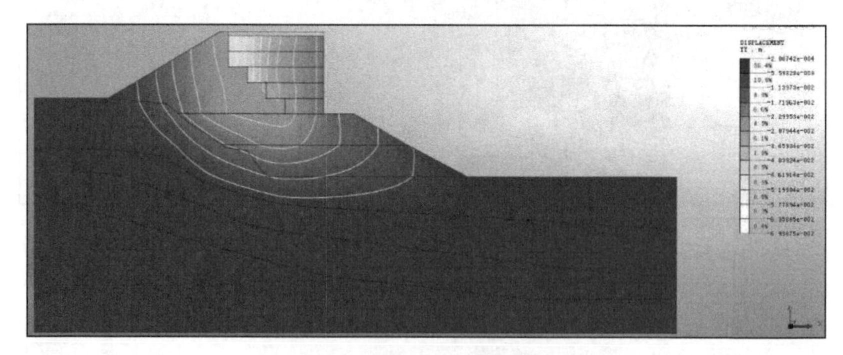

(e) 高性能泡沫混凝土填筑 10m

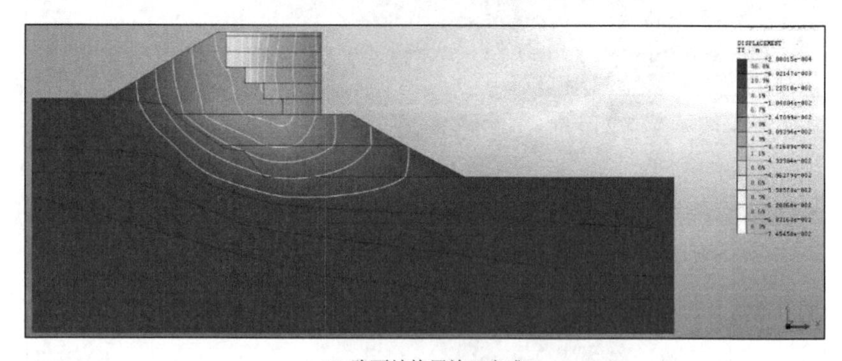

(f) 路面结构层施工完成

图 6-12　填筑阶段路基竖向位移云图

依据工程实际施工情况进行模拟，结合图 6-12 对路堤不同填筑高度下基底沉降量进行分析。随着路堤填筑高度的增加，基底的沉降量逐渐增大，路基沉降量最大的位置，随着填筑高度的增加而发生变化。在刚开始填筑时，地基在小范围附加荷载的作用下，路堤脚处的沉降量较大。此时的浇筑施工面较窄，附加荷载作用小，对地基的沉降量影响比较集中。随着填筑高度的增加，附加荷载的影响面加大，填筑高度为 4m 时，基底最大沉降较为均匀，位于路堤右侧台阶位置，沉降量大约为 3mm。当填筑高度为 6m 时，虽然填筑高度增加且低附加应力增大，但基底最大沉降量由右侧台阶转移向左侧台阶，路肩下部沉降量逐渐增加，最大沉降量达到了 6mm，先前填筑路堤底部沉降较均匀。在高性能泡沫混凝土填筑完成时，由于其以阶梯斜坡为衔接面，且没有放坡的荷载扩散，其垂直区域下的沉降量增大，不同施工阶段的路基基底沉降量变化更为均匀，在随后填筑高度达到 8～10m 时遵循同样的沉降规律，当填筑高度达到 10m 时，左侧台阶垂直处沉降量最大达到 31mm，路基沉降量从中线往右从 20mm 到 10mm 均匀变化，由于时间步骤设置为 30d，保证了每层高性能泡沫混凝土填筑时路堤的充分变形。

另外，路堤施工局部荷载增加，对其下方相应土层的压缩沉降作用导致坡脚外部分土层隆起，产生了较小的正向位移。在路面层的施工、铺筑过程中，由于其容重较大，相比高性能泡沫混凝土大得多。所在左侧新浇筑面的台阶处，沉降量的变化起伏较大，左侧路肩最大沉降量由 31mm 增加到 37mm，但由于左侧路堤原先填筑层较厚，路面结构的施工对左侧路堤的沉降量影响并不明显，这也从侧面说明，高性能泡沫混凝土填筑高度越高，上部荷载对路堤的沉降量影响越小。

又由于在轻质土填筑高度达到 8m 时，后继施工不再以阶梯状形式浇筑，从而使路基沉降更为均匀，路堤边脚的沉降量大于路段中心处，这与常规填土工况进行路堤施工的沉降特点有些区别。究其原因，在泡沫轻质土高路堤施工过程中，对旧路堤进行了少量的挖方（呈阶梯状）处理，保留原有的路基边坡固结状态，以及其垂直填筑的特点，对路堤进行了加宽，没有边坡处理。因此，从竖向看来，路肩脚处的附加荷载是最大的，对原有路基沉降量的影响是相对较大的。

因此，在实际工程中，采用高性能泡沫混凝土进行高陡路堤填方施工时，需着重注意基底台阶处的施工稳定性，采用阶梯状衔接面有利于使路基的沉降更为均匀。

6.5.2　高性能泡沫混凝土填筑高度对基底应力的影响

施工过程中，高性能泡沫混凝土路堤的填筑高度引起的平均有效应力响应云图如图 6-13 所示。根据路堤施工的各个阶段，分析泡沫轻质土路基不同填筑高度下的应力变化规律。

分析图 6-13 可知，轻质土路堤从施工到完成，路基基底附加应力随着路基施工填筑高度的增加呈增大趋势，基底应力的分布较为均匀，其应力变化幅度受填方拓宽宽度的影响。在坡脚最底层的高性能泡沫混凝土路堤与地基填土层衔接面上，出现了中心应力小、侧面应力大的现象，分析其原因，是由高性能泡沫混凝土路堤分层填筑施工引起的，上层浇筑的高性能泡沫混凝土板层对下层路堤台阶土的压力过大，引起台阶土侧向附加应力增大，对下层高性能泡沫混凝土侧边产生了侧向压应力，导致填筑板体角点附近出现了应力集中，因而坡脚处的应力比内侧要大，在基底中间的应力比角点附近的应力小很多。

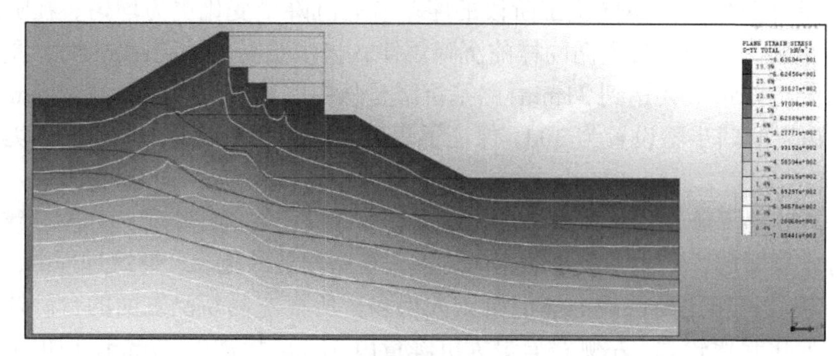

(a) 高性能泡沫混凝土填筑 2m

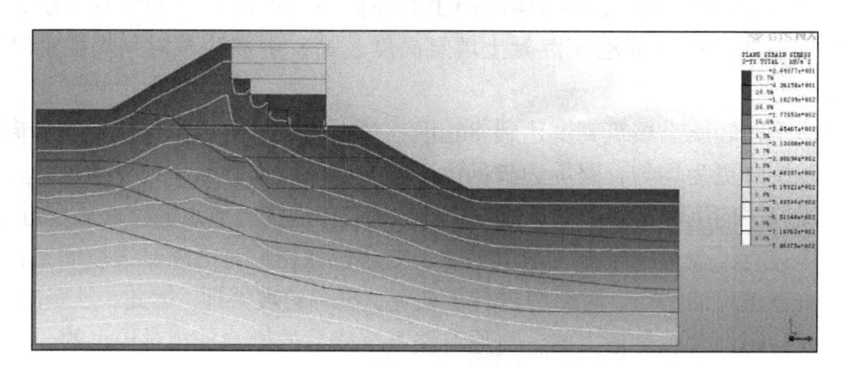

(b) 高性能泡沫混凝土填筑 4m

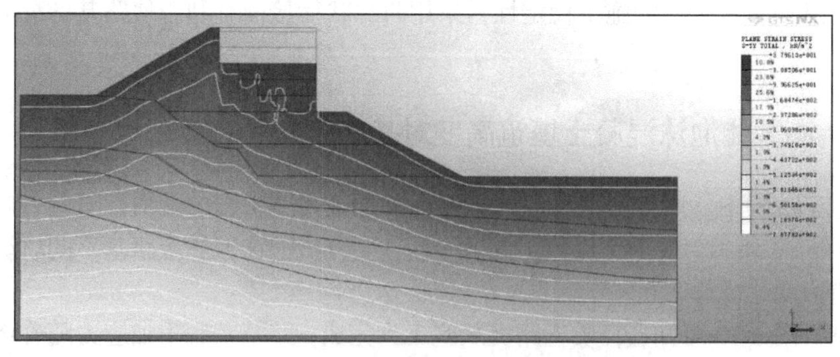

(c) 高性能泡沫混凝土填筑 6m

(d) 高性能泡沫混凝土填筑 8m

(e) 高性能泡沫混凝土填筑 10m

(f) 路面结构层施工

图 6-13　填筑阶段地基有效应力响应云图

路面结构施工完成时，路面结构层自重较轻质土大，引起基底附加应力增大，此时外侧的增加幅度偏大，整体的应力分布出现内侧小于外侧的特点，可能是受阶梯状的浇筑面的影响。由于泡沫轻质土浇筑整体性好，层间的应力分布不均匀有所改善，但毕竟外部荷载增加，使得中心台阶角点处的应力增大了 2～3kN/m^2。

6.5.3 泡沫轻质土路基填筑高度对基底水平位移的影响

在不同施工阶段，路堤填筑高度对地基侧向位移影响云图如图 6-14 所示。

由图 6-14 可知，从整体来看，随着路堤填筑高度的增加，地基土体侧向位移逐渐增大。在位于路面下 7.5m 左右，侧向位移量达到最大值，在施工的第一阶段即填筑高度为 4m 时，最大位移为 1mm，在泡沫轻质土施工完成阶段，最大位移为 8mm。最后在路面结构层施工结束后，因为上部荷载增大，后来浇筑的高性能泡沫混凝土层和上部路面结构层荷载对台阶土压力过大导致其产生向右的侧向位移，从而导致中心台阶处的最大侧向位移由 8mm 增长为 11mm 并趋于稳定。但在第五层高性能泡沫混凝土浇筑和路面结构施工时没有台阶土，处于平缓过渡层，因此此时上部路堤承受的压应力小，主要来自自身重力和路面结构层荷载，因为高性能泡沫混凝土分层浇筑硬化后的板体中间产生一定挠度，加上自身的压缩性，从而产生向左的侧向位移大约为 16mm。

路堤施工前期，右侧坡脚处的侧向位移呈先减小后增大的趋势。由于高性能泡沫混凝土填筑采用的是阶梯状浇筑面施工，随着填筑高度的增加，附加荷载逐级加大，因此在整个施工过程中，地基的侧向位移增长量是由小到大的。从模拟云图中还能得出，这种垂直填筑的工况，以地基外侧边为界限，地基土层以中间路基为中心，位移大小呈“扇形”分布，影响面随着填筑高度增加而扩大。对路堤来说，其侧向位移主要在中间路堤往外位置，分析其原因：中间层路堤台阶处靠近路面层的中心，此处受到上部的荷载较大，而其上方是弹性模量较大的高性能泡沫混凝土材料，难以压缩，同时位于路肩处的土层承受较大的附加荷载，因此侧向位移也偏大的区域位于中间路堤与路肩之间的土地层。从高性能泡沫混凝土路堤施工完成阶段的位移云图也可以看出，整个高性能泡沫混凝土路堤，地基侧向位移呈现“中间大，两头小”的发散趋势。

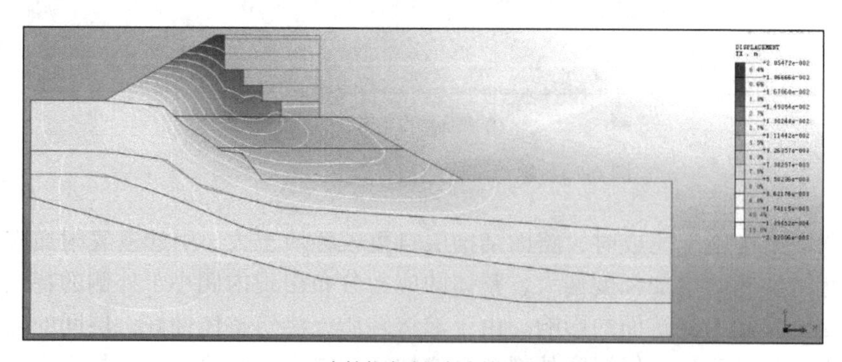

(a) 高性能泡沫混凝土填筑 2m

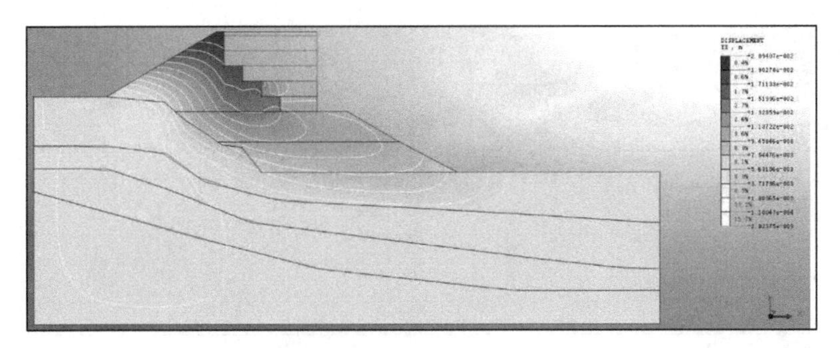

(b) 高性能泡沫混凝土填筑 4m

(c) 高性能泡沫混凝土填筑 6m

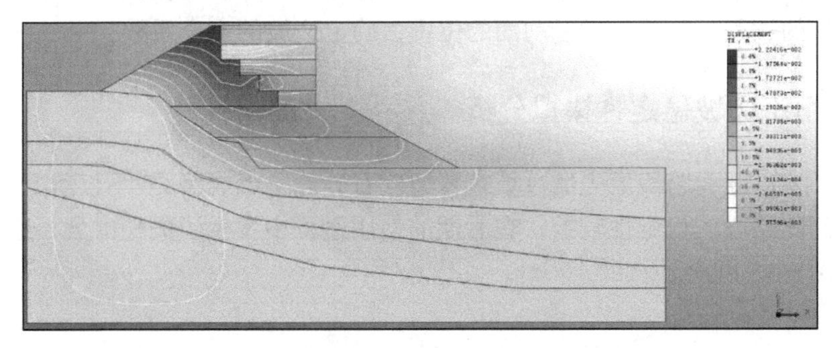

(d) 高性能泡沫混凝土填筑 8m

(e) 高性能泡沫混凝土填筑 10m

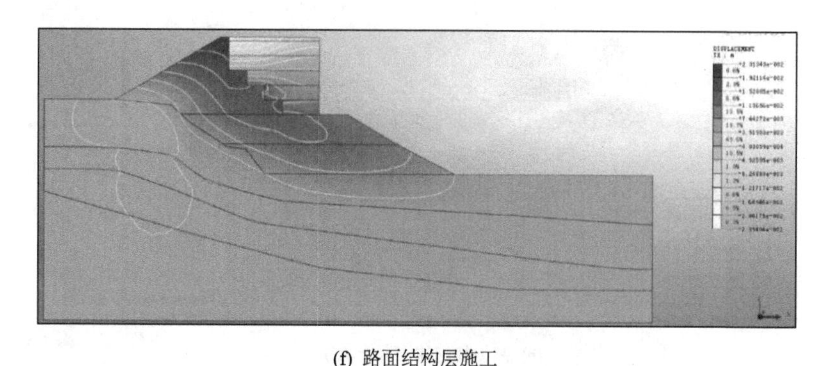

(f) 路面结构层施工

图 6-14　各施工阶段侧向位移云图

6.6　路堤边坡稳定性分析

本书通过 Midas/GTS NX 自带 SRM（强度折减法）对路段 K20+800 典型断面进行路堤边坡稳定性分析。有限元强度折减法的基本原理是在理想弹塑性体的有限元计算中，通过不断降低岩土体的抗剪强度参数黏聚力 c 和内摩擦角 φ 以达到极限破坏状态。此时，折减系数 F_s 即为岩土体的安全系数。该方法充分考虑了岩土体的本构关系和支挡结构与岩土体间相互作用的关系，可模拟复杂地质条件下边坡破坏的过程，直接搜索滑动面的位置，确定边坡的安全系数。

6.6.1　填土边坡稳定性模拟分析

K20+800 断面路段原先通过填筑普通碎石砂砾土形成路堤，不仅填方量巨大，而且在高陡路段的稳定性较差，在后期的使用过程中发生了失稳滑坡，原先填土断面如图 6-15 所示。

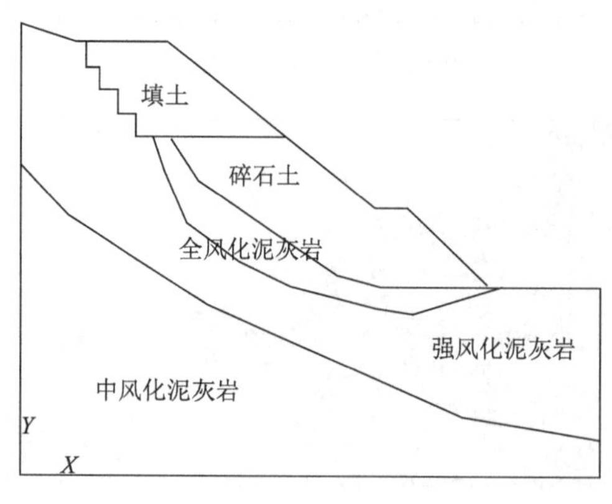

图 6-15　填土断面

建立填土路堤边坡断面 GTS 模型，除自重外，于路面加上 40kPa 的均布荷载模拟行车荷载进行边坡稳定性分析，通过观察等效塑性应变云图来判断边坡潜在滑动面和破坏区域，从而对用高性能泡沫混凝土换填后的路堤边坡治理提供参考。模拟结果如图 6-16 所示。

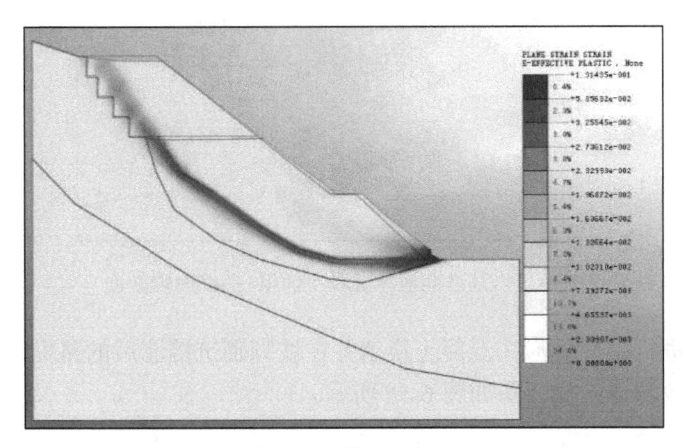

图 6-16　等效塑性应变云图

由图 6-16 可知，从基底到坡脚之间的碎石土与全风化泥灰岩之间产生了较大的塑性贯通区域，路堤左侧台阶处也出现了类似连通的塑性区域，大致判断出滑动面位于碎石土与中风化泥灰岩交界处。经分析，可能是因为路堤填土弹性模量和抗剪强度相对于基底强风化泥灰岩较低，填土重度过大，加上上部行车荷载的作用，使得路堤填土与强风化泥灰岩接壤处发生了相对位移，路堤边坡内部碎石土与全风化泥灰岩弹性模量和抗剪强度相差过大，上部路堤填土和行车荷载主要作用于碎石土层顶部，从而在碎石土层和全风化泥灰岩软弱交界面处产生了贯通的塑性区域，有相对滑移的趋势，且坡脚处的塑性区最大，说明边坡在实际破坏过程中坡脚的位移最大，因此后期的防治有必要对坡脚进行挡墙处理，限制坡脚水平位移。填土路堤边坡经有限元计算得到的安全系数为 1.0281，由 JTG D30—2015《公路路基设计规范》可知，高速公路、一级公路非正常工况路堑边坡稳定安全系数为 1.10～1.20，正常工况安全系数为 1.20～1.30。因此，该填土边坡发生滑坡在分析范围内，且安全系数还达不到规范要求。

6.6.2　高性能泡沫混凝土换填+挡墙治理后边坡稳定性分析

原填土边坡发生滑坡后，对滑坡处进行简单的削坡处理，并挖掉残留的填土，对基地处理后进行高性能泡沫混凝土换填，鉴于滑坡处坡脚位移较大，在坡脚砌筑倾斜式挡墙。高性能泡沫混凝土换填+挡墙治理断面如图 6-17 所示。

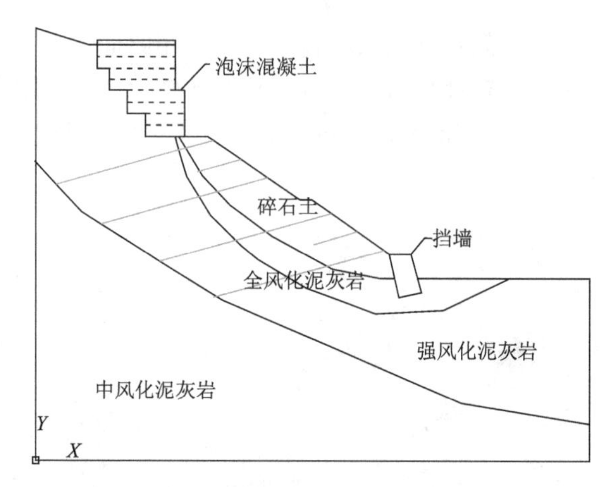

图 6-17　高性能泡沫混凝土换填+挡墙治理断面

对路堤进行高性能泡沫混凝土换填并在坡脚砌筑挡墙后的路堤边坡进行建模分析，其等效塑性应变云图如图 6-18 所示。

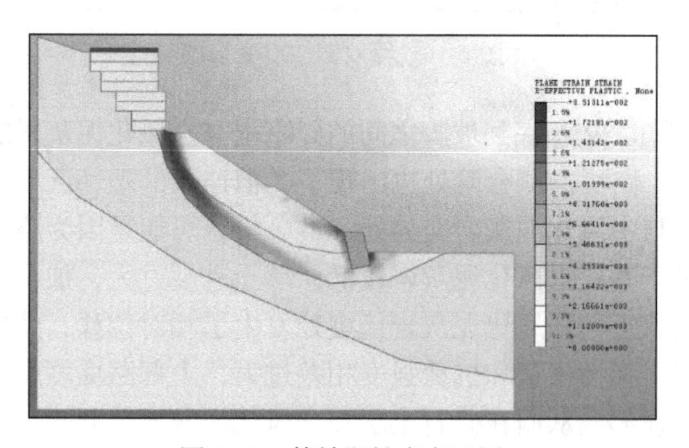

图 6-18　等效塑性应变云图

由图 6-18 可知，采用高性能泡沫混凝土换填+坡脚挡墙后安全系数提高到 1.30，坡脚塑性区大大减小，且碎石土与全风化泥灰岩之间的塑性区并没有贯通到坡脚，说明此方案有效地减小了坡脚碎石土的下滑位移。经分析，因为高性能泡沫混凝土容重远小于普通路堤填土，采用高性能泡沫混凝土换填路堤可以大大减小坡顶荷载，从而大大减小下滑力，没有形成贯穿坡脚的塑性区域。同时，挡墙结构又能很好地阻止边坡坡脚表面土层的水平位移，所以在挡墙的前后存在一定的塑性区。与填土边坡相比，路堤基底并没有发生塑性应变，且碎石土与全风化泥灰岩之间接触面的塑性区减小并向深层发展。可以看出，潜在滑动面从碎石土与全风化泥灰岩的软弱接触面深入到了全风化泥灰岩内部，这在实际工程中更有利于边坡的稳定。究其原因，一方面可能是因为高性能泡沫混凝土弹性模量远大于普通路堤填土，与强风化泥灰岩相当，从而避免了在外部荷载作用下因为弹性模量和黏聚力相差过大形成错位滑动；另一方面，由于高性能泡沫混凝土的容重远小于普通填土且填方量大大减小，不仅使路堤自重减轻，而且减小了路堤尺寸，使路堤右侧可以做成直立式，取消了传统填土路堤的锥坡设计，使基底附加应力更多地集中在强风化泥灰岩和全风化泥灰岩区域，避免了剪应力集中在碎石土区域造成坡脚位移过大。

高性能泡沫混凝土换填+挡墙的护坡方案稳定系数符合规范要求,但从图 6-18 中可知,在路堤底部与碎石土交界处以下 10m 范围内存在较大的塑性应变贯通区，因为路堤边坡表层为碎石土，所以可能发生碎石土的滚落，因此考虑进行预应力锚杆锚索的加固，缩小碎石土层的塑性贯通区域。

6.6.3　高性能泡沫混凝土换填+挡墙+锚杆锚索联合护坡稳定性分析

锚杆锚索采用植入式桁架单元，通过 Midas/GTS NX 锚建模助手设置锚索长 20m，注浆段 10m，锚杆长 5m，注浆段 3m，预应力均设为 200kN，锚索穿过碎石土层和全风化泥灰岩一直深入强风化泥灰岩内部，锚杆锚固段主要在碎石土内部。锚杆锚索布置如图 6-19 所示。

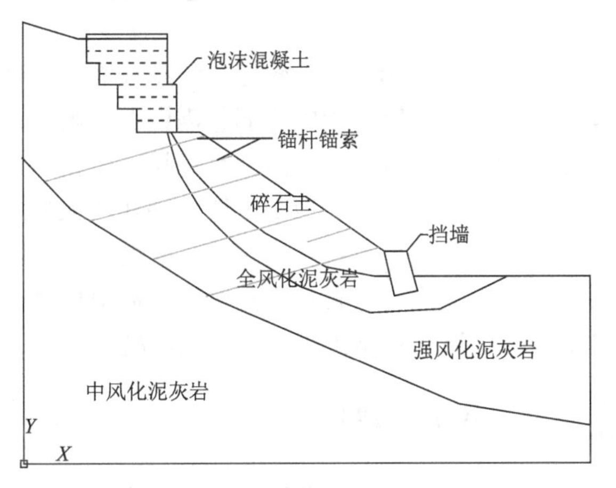

图 6-19　高性能泡沫混凝土+挡墙+锚杆锚索联合护坡断面图

建模分析后其等效塑性应变云图如图 6-20 所示。

由图可知，采用高性能泡沫混凝土换填+挡墙+锚杆锚索联合护坡后边坡稳定性提高到 1.90,在碎石土与中分化泥灰岩软弱接触面几乎看不见明显的塑性区域，消除了原先在路堤底部与碎石土交界处以下 10m 范围内存在的较大的塑性应变贯通区，有效抑制了碎石土层的下滑，且挡墙前后的塑性应变区域缩小了，有利于

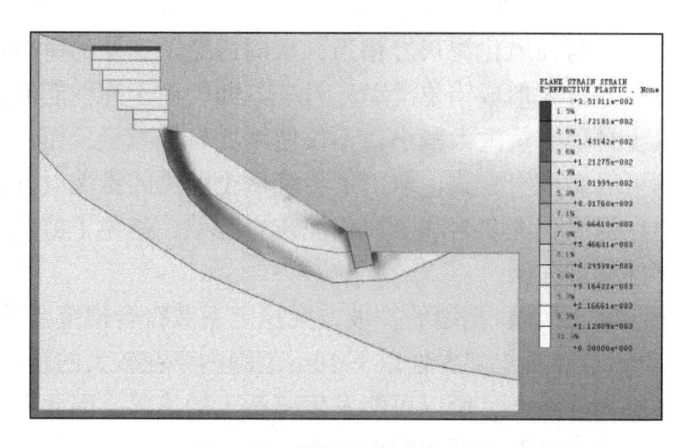

图 6-20　等效塑性应变云图

挡墙的稳定。预应力锚索贯穿潜在滑动面的塑性区域，一端嵌固于岩体中，极大地约束了潜在滑动面的侧向位移，限制了其有效塑性区域的进一步发展，同时预应力锚杆锚索共同作用又减小了碎石土层的下滑力，减小了坡脚挡墙的被动土压力。

6.7　台背填筑沉降变形模拟

传统台背回填施工中，常采用透水性较好、强度较大的砂砾或砂砾土作为回填料，但此类填料具有容重大、抗冲刷能力弱、需设置护坡体、工程量大、对地基承载能力和抗变形能力要求高等缺陷，因此路桥投入运营后，在填料自密实期间容易产生较大的工后沉降，同时天然地基土体长期在较大的附加荷载作用下也会产生较大沉降，使台背回填路段与桥涵构筑物之间的差异沉降过大。本书通过对普通填料与高性能泡沫混凝土做台背填料分别建立数值模型，并对计算结果进行对比，分析高性能泡沫混凝土在本工程中应用的优越性。

6.7.1　普通填土台背沉降变形模拟

大量观察病害路段可知，台背回填路段的沉降变形主要发生在距离桥涵构筑物 20m 范围内，因此以加长为 35m 的路基段作为研究对象。根据勘察资料得知，下边界在原路基底面以下 15m 均为强风化泥灰岩。在台背回填区按照施工图纸实际尺寸模拟，为简便计算，假设桥台不发生垂直沉降。因此选取计算模型的长度为 35m，台背填筑高度为 8m，地基土深度为 15m，网格划分如图 6-21 所示。

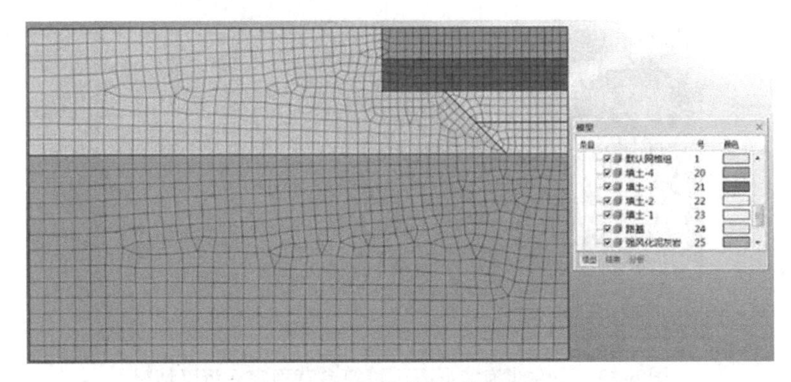

图 6-21　沉降分析网格划分

填筑完成后，由于路面结构的存在，为方便计算，车辆荷载作用在路面上再传递到路基可以等效为均布荷载，在计算模型中把集中荷载换算成均布荷载，把面层和基层的自重也作为均布荷载，同时考虑荷载冲击系数，最终施加在路基上表面的荷载大小为 40kPa。图 6-22 所示为传统碎石砂砾土作为回填材料填筑时路堤的沉降云图，由于假设右侧桥台不发生垂直沉降，从图中可以看出，桥台与回填路段之间出现了明显的台阶式差异沉降，最大差异沉降为 26mm。

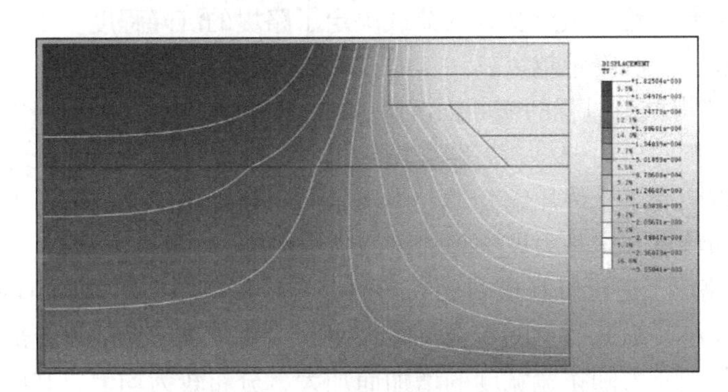

图 6-22　传统砂性土填筑的台背回填段沉降云图

6.7.2　高性能泡沫混凝土台背填筑沉降变形模拟

将传统砂性土换成高性能泡沫混凝土进行台背填筑后模拟结果如图 6-23 所示。

从图 6-23 可以看出，采用泡沫混凝土作为台背回填材料时，路桥交界处的差异沉降明显减小，最大沉降变化仅有 3mm。最大沉降处变为高性能泡沫混凝土填筑中间处，但梯形台阶式的填筑方式，使交界处沉降平稳过渡，可有效避免图 6-21 所示的桥台与台背回填段出现过大的差异沉降而导致路面出现台阶式纵向变形。

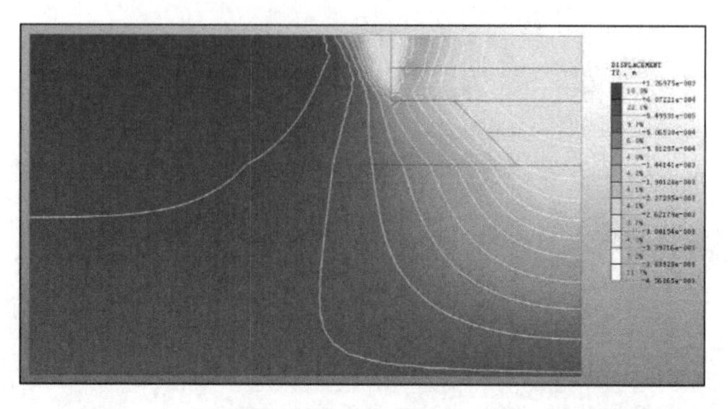

图 6-23　高性能泡沫混凝土填筑台背稳定后沉降情况

6.8　本 章 小 结

结合实际工程，对 K3+900～K4+100 段高路堤进行了现场原位沉降观测，并且用 Midas/GTS NX 有限元软件进行模拟，得出高路堤沉降规律。

（1）高路堤填筑过程中的沉降主要受控于成型压力和沉降时间。成型压力越大，沉降时间越长，路堤的沉降量越大。路堤填筑完成后，沉降受填土自身压缩固结沉降的控制，路堤填土受到的荷载决定了路堤的沉降程度。填筑高性能泡沫混凝土高度越大，沉降量越大。

（2）高路堤填筑过程的横断面沉降曲线呈凹曲线形状，说明路堤中央受到的压力较大，两侧的压力较小；高路堤填筑过程的纵断面沉降曲线受地形的限制明显，斜坡地带限制了土体压缩变形。泡沫轻质土路堤施工，出现了坡脚沉降位移大、中间小的特点，这是由坡脚附加应力大引起的。

（3）高路堤工后沉降在横断面纵断面上会导致路堤产生差异沉降，横断面上的差异沉降较小，纵断面上的差异沉降较大，主要取决于路堤填土部位的受力状态。基底的附加应力随拓宽宽度的增加而加大，分布较为均匀，其应力大小的变化幅度受填方拓宽宽度的影响；在坡脚处出现了应力集中，侧面应力偏大。

（4）高路堤的沉降受到填方高度、原地面形状、沉降时间的控制，填方高度越高，沉降量越大；原地面形状通过影响填土的受力状态影响沉降的发展；沉降时间越长，沉降量越大，沉降速率一般随着沉降的进行逐渐减缓。高性能泡沫混凝土换填路堤+锚杆+挡墙的联合护坡方式可有效防治路堤边坡失稳，减小坡脚位移。采用高性能泡沫混凝土进行台背填筑可有效避免桥台与台背回填段出现过大的差异沉降而导致路面出现台阶式纵向变形。

参 考 文 献

[1] Tian T, Yan Y, Hu Z, et al. Utilization of original phosphogypsum for the preparation of foam

concrete. Construction and Building Materials, 2016, 115: 143-152.

[2] Sathya Narayanan J, Ramamurthy K. Identification of set-accelerator for enhancing the productivity of foamed concrete block manufacture. Construction and Building Materials, 2012, 37: 144-152.

[3] Jones M R, Ozlutas K, Zheng L. High-volume, ultra-low-density fly ash foamed concrete. Magazine of Concrete Research, 2017, 69(22): 1146-1156.

[4] 肖礼经. 泡沫水泥轻质土在公路建设中的应用与研究. 长沙: 湖南大学, 2003.

[5] Song J H, Areias P M A, Belytschko T. A method for dynamic crack and shear band propagation with phantom nodes. International Journal for Numerical Methods in Engineering, 2006, 67(6): 868-893.

第7章　预压换填泡沫混凝土在桥路过渡段平顺过渡技术应用

本章主要介绍桥路过渡段平顺过渡泡沫混凝土设计参数及计算方法、泡沫混凝土解决桥路过渡段平顺过渡技术经济特性研究，并通过数值模拟研究桥路过渡段参数敏感性，包括地基处理方式对路段总沉降及工后沉降的影响、开挖换填时机对路段总沉降及工后沉降的影响、换填厚度对路段总沉降及工后沉降的影响。

7.1　桥路过渡段泡沫混凝土设计与施工研究

国内外诸多学者对桥路过渡段泡沫混凝土设计与施工进行了研究。杨建约等[1]进行了工程实例分析，利用水泥、粉煤灰和水、发泡剂进行混合发泡，形成一种有一定孔隙率的轻质混凝土，通过软管泵送注入安装好的模板内即可。浇筑时须竖向分层、平面分区跳仓，使竖向、平面施工缝交错布设，以减少工后施工缝的反射效应。同时，采用在泡沫轻质土中加入钢塑土工格栅、金属网等措施，抑制收缩裂缝的出现。最后在泡沫轻质土两侧施工钢筋混凝土薄壁式挡墙，构成完整的道路结构。采用加筋泡沫轻质土错缝跳仓浇筑施工技术，其泡沫轻质土外观平整、无坑洼、无贯通纵横裂缝、无差异沉降。通过检测，抗压强度符合设计规范要求，足以证明本技术成熟、安全可靠，为我国高速公路、市政道路的绿色施工提供新的材料和方法，具有良好的推广价值和前景。

葛良福等[2]为研究轻质混凝土用于过渡段填筑的效果，利用 ANSYS 软件对路涵过渡段沉降进行了数值模拟。模拟过程中，利用生死单元实现过渡段分层施工模拟，考虑填料压实和土体固结，准确反映地基真实沉降。通过对比轻质土与传统填料，研究轻质土填筑路涵过渡段的可行性及最佳配合比。研究表明：普通轻质土密度大于 600kg/m^3 时，路涵过渡段不均匀沉降明显减小；控制不均匀沉降的最佳密度为 710kg/m^3。

周川滨[3]研究认为，桥台后路基过渡段填料以土为主，但由于台后施工作业面较小，且为了减小施工对桥台的影响，一般在临近桥台区域采用小型机械施工，造成填料压实度未达到设计要求。在列车循环动力荷载作用下，过渡段填料进一步产生压缩沉降变形；同时，填料进一步压缩会增加对桥台的水平土压力，桥台会产生进一步的横向变形，加剧过渡段的沉降变形，使得轨道不平顺继续发展。此外，施工过程中为了赶工期，难免遇到填料施工质量不合格等现象，若出现偷工减料、采用不合格的填料等，都将导致过渡段性能劣化。路桥过渡段轨道的不平顺可分为静不平顺性和动不平顺性两类。静不平顺性指的是轮轨接触面不平顺（即几何不平顺），包括轨下基础结构的差异变形和不均匀沉降，以及轨面的不连续（如普通线路的钢轨接头、道岔）、车轮不平顺等，动不平顺性指的则是轨下基础弹性不均匀（即刚度不平顺），如扣件及轨枕下支承的失效、桥台与路基、路堤与路堑、路基与隧道以及路基与涵洞等过渡段的弹性不均匀等。

荆伟伟[4]基于乐清湾港区大量原状软土土样的室内试验数据的统计分析，首次对乐清湾区域软土的物理力学性能指标进行了统计计算，并得出乐清湾区域各类软土主要物理力学参数统计特征值及其分布规律、主要物理力学参数之间的相关性，从而为乐清湾区域的工程建设提供了定量分析的基础。基于极限平衡法，首次对泡沫混凝土桥头路堤的稳定性进行了分析；通过有限元建模，对滨海地区泡沫混凝土桥头路堤沉降规律进行了分析研究；通过对桥台台后路堤泡沫混凝土纵向填筑不同台阶宽度的过渡模式的对比分析，提出乐清湾区域泡沫混凝土路堤的填筑高度约为6m时，泡沫混凝土桥头填筑的台阶宽度宜为$L \geqslant 6.0$m。

谈宜群[5]基于室内试验测定的数据，结合岩土工程分析软件，对桥涵与台背回填路段沉降变形变化规律进行数值模拟分析。成果表明，采用轻质泡沫混凝土进行台背回填，相较于传统砂砾土填料，回填路段的沉降变形量明显减小；随着水灰比的增大，台背回填段与台背过渡段的差异沉降逐渐增大；当泡沫含量及填料含水率逐渐增大时，台背回填段与台背过渡段的差异沉降逐渐减小；因此采用水灰比为0.40～0.5、泡沫含量在60%以上的泡沫混凝土回填台背时，对路桥连接段差异沉降问题的处置效果最为明显。运用岩土工程分析软件对台背的稳定性进行数值模拟，分析单一因素影响下，台背路堤稳定性的变化规律。利用轻质泡沫混凝土进行台背回填，在临空面竖直的情况下，台背回填段的稳定安全系数仍大于砂砾土台背（设锥形护坡）的稳定安全系数。泡沫含量的变化对台背稳定性影响较为明显，台背安全系数随着泡沫含量的增大而减小，且当泡沫含量越大时安全系数减小速度明显加快；含水率增大，台背安全系数有减小的趋势，但安全系数总体变化不明显。

7.2　桥路过渡段泡沫混凝土参数敏感性的数值模拟研究

数值模拟基于温州绕城高速公路西南线工程（仰义至阁巷），地处温州地区西南面，经过鹿城区、瓯海区、瑞安市、平阳县四个市（县、区）。起点位于金丽温高速公路的仰义枢纽，上跨金温铁路，经郭溪、翟溪、潘桥、桐溪、碧山、陶山、荆谷、马屿、仙降、飞云、宋桥、郑楼、宋埠，终于瑞安阁巷枢纽，与甬台温复线相接，全长约 56.328km。其中，鹿城区段 5.026km、瓯海区段 15.904km、瑞安市段 25.423km、平阳县段 9.975km。软基处理采用欠载预压+后期泡沫混凝土换填形式。以现场试验为依据，现场在泡沫混凝土护面板埋设钢筋应力计、在泡沫混凝土护面板与泡沫混凝土连接处埋设土压力盒等，如图 7-1 和图 7-2 所示。

图 7-1　钢筋应力计及土压力盒测试数据

图 7-2　钢筋应力计埋设

本书以 6 标 K29+589 桥头路基断面为建模模型。路堤荷载作用下的管桩复合地基受力固结变形本质上是个三维问题，但是用三维有限元分析加固路堤的大规模桩群非常困难，因此这里将它简化为二维平面应变问题分析。管桩、桩间土和褥垫层一起形成复合地基，桩体和桩间土共同承担上部结构。通过基础和垫层传递的荷载是复合地基的一个基本特征。由于褥垫层的存在，竖向荷载作用下，桩顶和桩底端分别向褥垫层和下卧层刺入，在管桩复合地基中，每根桩顶部还带有独立的承台，使桩、土的受力性状更为复杂。本章采用有限元软件对路堤荷载下管桩复合地基桩、土的受力和沉降特性进行分析。在本工程有限元计算中，桩体采用线弹性模型，参数取值见表 7-1，土体采用莫尔-库仑模型，计算参数见表 7-2，复合地基土体采用莫尔-库仑模型，计算参数见表 7-3。

表 7-1　桩体的计算参数

桩型	桩径/m	桩长/m	重度/（kN/m^3）	压缩模量 E/MPa	泊松比	黏聚力 c/kPa	内摩擦角 φ/（°）
预应力管桩	0.4	29	2700	7200	0.2	220	35

表 7-2　土体莫尔-库仑模型计算参数

土层	密度/（kg/m³）	压缩模量/MPa	泊松比	黏聚力/kPa	内摩擦角/（°）	层厚/m
填土	1820	3.5	0.3	20	10	1.5
黏土	1860	4.6	0.35	30	10	2.5
淤泥	1630	1.87	0.33	6	2.2	4.5
中砂	1790	10	0.30	5	31	3
淤泥	1500	1.2	0.32	5.5	2	7
粉质黏土	1780	3.67	0.30	18.2	5	10
粉质黏土	1880	4.67	0.28	25	13	14.5
角砾粉质黏土	1980	6	0.25	27	16.2	7.5
全分化凝灰岩	2850	5	0.25	22	20	12.5

表 7-3　复合地基土体莫尔-库仑模型计算参数

土层	密度/（kg/m³）	复合压缩模量/MPa	复合黏聚力/kPa	复合内摩擦角/（°）	层厚/m
填土	1820	83.57	22.2	10.3	1.5
黏土	1860	84.6	32.2	10.1	2.5
淤泥	1630	81.9	8.7	2.6	4.5
中砂	1790	89.3	7.4	31.0	3
淤泥	1500	81.4	7.9	2.3	7
粉质黏土	1780	83.7	20.4	5.2	10
粉质黏土	1880	4.67	25.1	13.0	14.5
角砾粉质黏土	1980	5.95	26.3	16.7	7.5
全分化凝灰岩	2850	5.05	22.7	20.5	12.5

根据资料，现场桩间距为 2.3m，按复合地基基础算法，$m = \pi(D^2 - d^2)/\left(4S^2\right)$，$m$ 为面积置换率；S 为桩间距；D 为管桩直径；d 为管桩内径。

$$E = E_z \times m + (1-m)E_t;\quad C = C_z \times m + (1-m)C_t;\quad \varphi = \varphi_z \times m + (1-m)\varphi_t$$

式中，E_z、C_z、φ_z 分别为桩基压缩模量、黏聚力、内摩擦角；E_t、C_t、φ_t 分别为土体压缩模量、黏聚力、内摩擦角；E、C、φ 分别为复合压缩模量、复合黏聚力、复合内摩擦角。

7.2.1　有限元模拟建模

图 7-3 和图 7-4 为以工程中 K29+535 短路基防护 6 标为背景的有限元分析，计算模型区域取 3 倍坡底长度。在该区域底部施加位移为零的边界条件，外侧纵向自由，纵向 $2l$ 水平向位移为零。模型采用结构化网格划分的方式，采用四边形网格，土体采用的单元类型为 CPE4R，桩体采用的单元类型为非协调的 CAX4I。ABAQUS 自动划分有限元模型网格，对桩体周围土体的网格单元加密，远离桩体的土体网格逐渐增大。

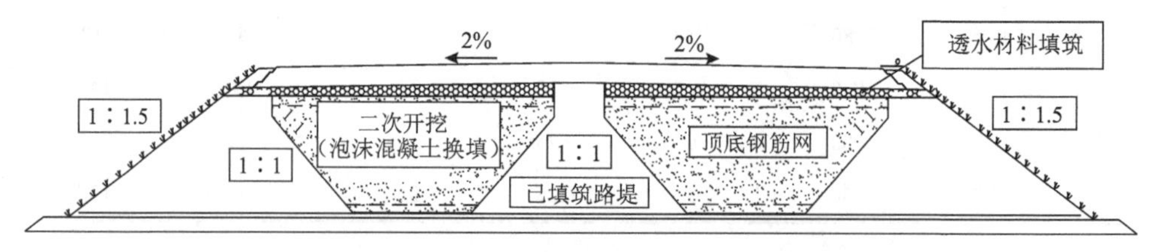

图 7-3　路堤断面图

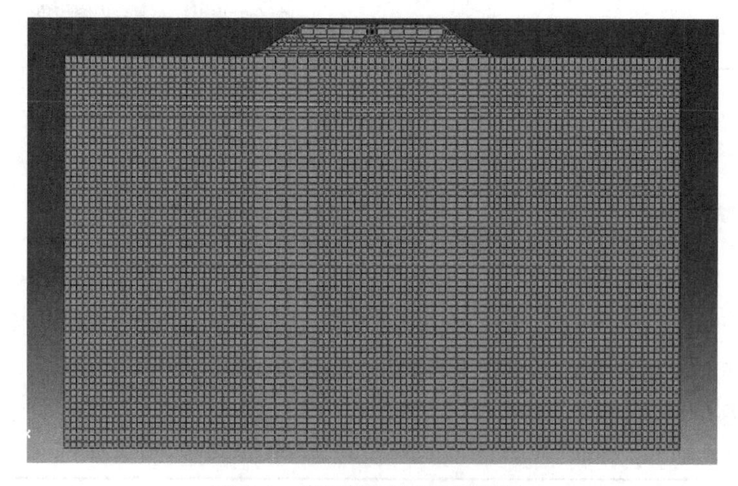

图 7-4　路堤断面计算网格划分

7.2.2　路基填筑后数值模拟结果

图 7-5 和图 7-6 是根据有限元软件 ABAQUS 计算的路基填筑后的应力图和位移图。

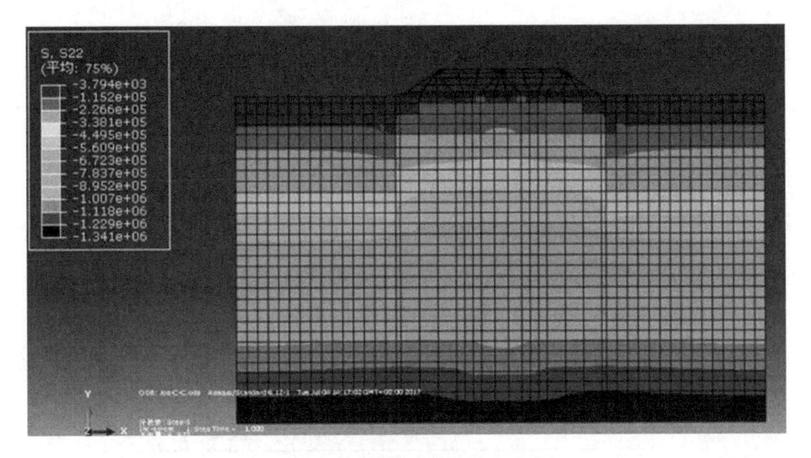

图 7-5　路堤断面竖向应力图

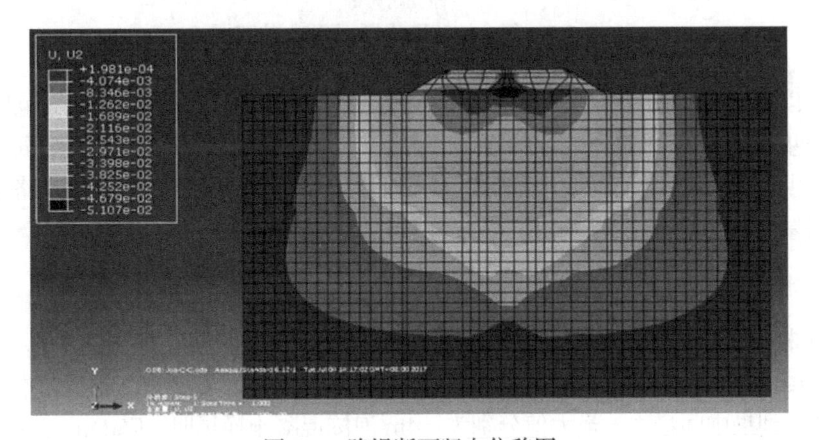

图 7-6　路堤断面竖向位移图

7.2.3　路段总沉降影响研究

1. 地基处理方式对路段总沉降影响研究

图 7-7 是复合地基路堤断面荷载-位移图，其地基参数如表 7-3 所示，上部路堤进行四层填筑：1 清宕渣垫层填筑→2 泡沫混凝土填筑→3 透水材料填筑→4 路面填筑，总沉降为 4.55mm。而与其相邻的一般路段采用塑排+超载预压+泡沫混凝土处理的路堤，其地基参数如表 7-2 所示，上部路堤进行四层填筑：1 清宕渣垫层填筑→2 路基、超载方填筑→3 沉降补方填筑→4 卸载后反开挖换填泡沫混凝土→5 上路床及路面填筑，总沉降为 156.5mm（总沉降=预压期沉降+工后沉降）。

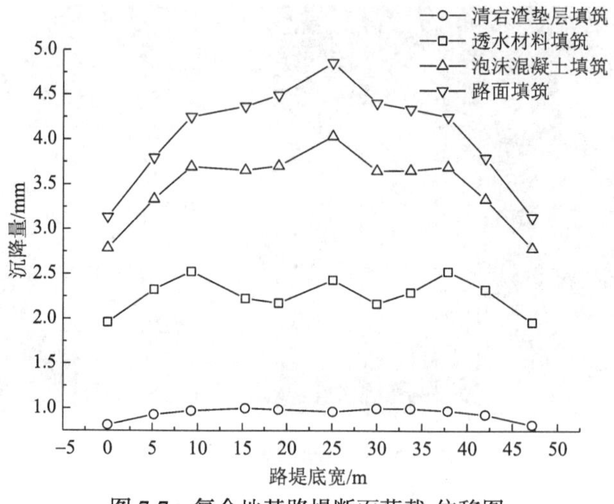

图 7-7　复合地基路堤断面荷载-位移图

可以看出，桥头路段采用管桩复合地基并预压后，对靠近桥台 10m 范围路基卸载至垫层顶，采用直立式泡沫混凝土路堤，往后采用放坡方式并采用倒梯形换填泡沫混凝土，放坡范围换填泡沫混凝土后路基总沉降很小；而往桥头路段结束再往路基方向，为塑排+超载预压处理路段，沉降量较大。

2. 换填厚度对路段总沉降影响研究

泡沫混凝土容重 γ=6kN/m^3，远远小于路堤填土 γ=21kN/m^3。如图 7-8 所示，随着泡沫混凝土的逐步填筑，路堤沉降变小，路堤呈现两边沉降较小，逐步向中间变大的趋势。到最中间最大，最大值分别为：4m 泡沫混凝土换填时 4.76mm，3m 泡沫混凝土换填时 4.87mm，2m 泡沫混凝土换填时 5.21mm，1m 泡沫混凝土换填时 5.43mm。

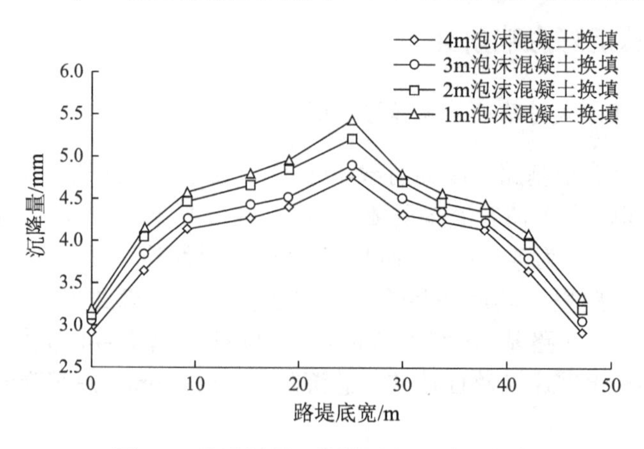

图 7-8　泡沫混凝土换填厚度-沉降量曲线

7.3　工程应用研究

7.3.1　工程概况

该工程路线多位于冲海积平原，地表为海相可塑状粉质黏土，下部软土为海积淤泥、淤泥质土，其分布广，厚度大，具有含水率高、强度低、固结缓慢等特点，工程性质较差。

以飞云江为界，飞云江以北为海积平原区，表部分布硬壳层，厚度为 1～3m，上部分布海积软土层，厚度为 0.0～30m，含水率 w 为 50%～86%；局部间夹粉细砂层，厚 3.1～7.3m，以松散状为主，下部以卵石层为主，埋深 25～31m。

在飞云江以南海积平原区，表部分布硬壳层，厚度 1～3m，上部分布厚层海积软土层，厚度 2.0～40.0m，性质很差；再下为软塑状黏土层，厚 10～26m，层顶埋深 31～40m，性质较差，再下部为卵石层，层顶标高为 50～63m。

7.3.2　设计计算方法

1. 施工图阶段理论计算

1）固结度及工后沉降量计算

（1）总沉降。

总沉降 S 宜采用沉降系数 m_s 与主固结沉降 S_c 计算：

$$S = m_s S_c \tag{7.1}$$

沉降系数 m_s 为综合经验修正系数，与地基条件、荷载强度、加荷速率等因素有关，其范围一般为 1.1～1.7。

（2）主固结沉降。

采用 GB 50007—2011《建筑地基基础设计规范》所推荐的地基最终沉降量分层总和法，如图 7-9 所示。

假设地基是均匀的，即土在侧限条件下的压缩模量 E_s 不随深度而变，则从基底至地基任意深度 z 范围内的压缩量为

$$s = \int_0^z \varepsilon \mathrm{d}z = \frac{1}{E_s}\int_0^z \sigma_z \mathrm{d}z = \frac{A}{E_s} \tag{7.2}$$

式中，ε 为土的侧限压缩应变，$\varepsilon = \sigma_z / E_s$；$A$ 为深度 z 范围内的附加应力面积。

$$A = \int_0^z \sigma_z \mathrm{d}z \tag{7.3}$$

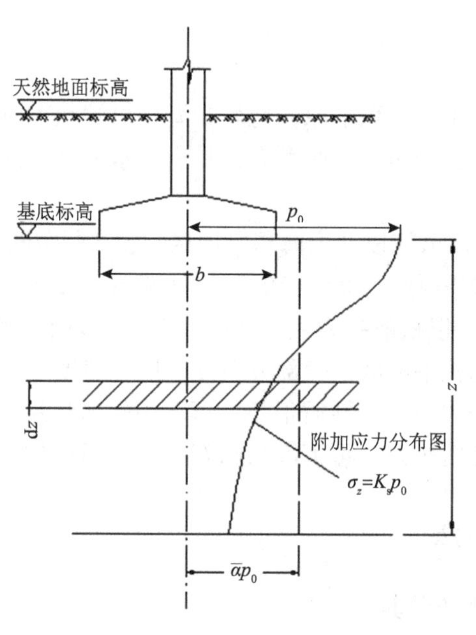

图 7-9　分层总和法计算沉降

因为$\sigma_z = K_s p_0$，K_s为基底下任意深度 z 处的附加应力系数。因此，附加应力面积 A 为

$$A = \int_0^z \sigma_z \mathrm{d}z = p_0 \int_0^z K_s \mathrm{d}z \tag{7.4}$$

为便于计算,引入一个竖向平均附加应力(面积)系数 $\bar{\alpha} = A/\left(p_0 z\right)$。则式(7.2)可改写为

$$s' = \frac{p_0 \bar{\alpha} z}{E_s} \tag{7.5}$$

该公式就是以附加应力面积等代值引出一个平均附加应力系数表达的从基底至任意深度 z 范围内地基沉降量的计算公式。由此可得成层地基沉降量的计算公式:

$$s' = \sum_{i=1}^{n} \Delta s_i' = \sum_{i=1}^{n} \frac{A_i - A_{i-1}}{E_{si}} = \sum_{i=1}^{n} \frac{p_0}{E_{si}} \left(\bar{\alpha}_i z_i - \bar{\alpha}_{i-1} z_{i-1}\right) \tag{7.6}$$

式中，$p_0\bar{\alpha}_i z_i$ 和 $p_0\bar{\alpha}_{i-1}z_{i-1}$ 为 z_i 和 z_{i-1} 深度范围内竖向附加应力面积 A_i 和 A_{i-1} 的等代值。

本方案在计算中考虑了路基填筑过程中填料补方所引起的沉降增加，并用理正岩土软件进行计算。

（3）剩余沉降。

软土地基剩余沉降 S_p 可按式（7.7）计算：

$$S_\mathrm{p} = S - S_\mathrm{td} \tag{7.7}$$

式中，S_p 为剩余沉降；S_td 为施工路面前的地基沉降量；S 为总沉降。

（4）根据竖向排水体固结理论，其固结度的计算如下。

①瞬时加载条件下竖向和径向共同引起的地基平均固结度可按式（7.8）计算：

$$\overline{U}_{rz} = 1-\left(1-\overline{U}_z\right)\left(1-\overline{U}_r\right) \tag{7.8}$$

式中，$\overline{U}_z$ 为竖向排水固结度，%；$\overline{U}_r$ 为径向排水固结度，%。

当 $\overline{U}_{rz}$>30%时，可采用式（7.9）计算：

$$\overline{U}_{rz} = 1-\frac{8}{\pi^2}\mathrm{e}^{-\beta t} \tag{7.9}$$

式中，β 为固结指数。

②竖向排水体的固结计算应考虑竖向排水体的井阻作用和涂抹作用对固结的影响，β 可按式（7.10）计算：

$$\beta = \frac{\pi^2 C_z}{4H^2} + \frac{8C_r}{\left(F_n + J + \pi G\right)d_\mathrm{e}^2} \tag{7.10}$$

式中，$F_n = \dfrac{n^2}{n^2-1}\ln n - \dfrac{3n^2-1}{4n^2}$；$n = \dfrac{d_\mathrm{e}}{d_\mathrm{w}}$，为井径比，$d_\mathrm{e}$ 为竖向排水体影响区直径，d_w 为竖向排水体直径；C_r、C_z 为径向和竖向固结系数；J 为涂抹因子；G 为井阻因子。

JGJ 79—2012《建筑地基处理技术规范》中给出多级等速加载条件下固结度的计算公式。

一级或多级等速加载条件下，当固结时间为 t 时，对应总荷载的地基平均固结度可按式（7.11）计算：

$$\overline{U}_t = \sum_{i-1}^{n} \frac{\dot{q}_i}{\sum \Delta p}\left[\left(T_i - T_{i-1}\right) - \frac{\alpha}{\beta} \mathrm{e}^{-\beta t} (\mathrm{e}^{\beta T_i} - \mathrm{e}^{\beta T_{i-1}})\right] \tag{7.11}$$

式中，$\overline{U}_t$ 为某时间 t 时地基的平均固结度；$\alpha = \frac{8}{\pi^2}$；$\dot{q}_i$ 为第 i 级荷载的加载速率，kPa/d；$\sum \Delta p$ 为各级荷载的累加值，kPa；T_i 和 T_{i-1} 分别为第 i 级荷载加载的起始和终止时间（从零点起算），d，当计算第 i 级荷载加载过程中某时间 t 的固结度时，T_i 改为 t。

2）换填厚度的计算

由固结度概念可知，t 时刻土层的平均固结度为 t 时刻土层各点土骨架承担的有效应力图面积与起始超空隙水压力（或附加应力）图面积之比。

$$U_t = \frac{\text{有效应力图面积}}{\text{起始超孔隙水压力图面积}} \tag{7.12}$$

根据有效应力原理，土的变形只取决于有效应力，因此对于一维竖向渗流固结，土层的平均固结度又可定义为

$$U_t = \frac{\int_0^H \sigma'(z,t)\mathrm{d}z}{\int_0^H p(z)\mathrm{d}z} = \frac{S_{\mathrm{ct}}}{S_{\mathrm{c}}} \tag{7.13}$$

式中，S_{ct} 为地基某时刻 t 的固结沉降；S_{c} 为地基最终的固结沉降。

根据超载预压原理，假设换填泡沫混凝土以后路基的永久荷载（附加应力）为 p'，则在这个荷载下路基的最终沉降为 S_{c}'，若令 $S_{\mathrm{ct}} = S_{\mathrm{c}}'$，则有 $U_t' = 1$，即土体已经完全固结。因此，只要使 $p' = \sigma'$（σ' 为当前的有效应力），理论上土层的沉降已全部完成，彻底消除了工后沉降。

引入以下变量：当前填土高度 H、路基设计填高 h、换填厚度 h'、按原设计填高下的当前固结度 U_t（由监测单位提供或理论计算）；当前沉降量换算为换填轻质土后路基附加应力所对应达到的固结度 U_t'（或称目标固结度）；当前有效应力 $\sigma' = 21HU_t$；换填后路基所对应的附加应力 $p' = 21(h - 0.7 - h') + 0.7 \times 23 + 6h$。

根据以上原理有如下等式：

$$p'U_t' = \sigma'$$

$$\left[21(h - 0.7 - h') + 0.7 \times 23 + 6h\right]U_t' = 21HU_t$$

解得

$$h' = \frac{(21h + 1.4)U_t' - 21HU_t}{15U_t'}$$

同时需满足约束条件 $S_c'(1-U_t') \leqslant S_{允许}$。

以某一沉降未稳定路段为例，假设换填泡沫混凝土的厚度为 h'，已知设计路面高度为 4.8m，当前实测的填土高度为 5m，宕渣的重度为 21kN/m^3，路面厚度 0.7m，路面平均重度为 23kN/m，根据沉降观测单位提供的土体当前平均固结度 $U_t = 0.75$，则当前的有效应力为

$$\sigma' = 21\times5\times0.75 = 78.75\text{kN}$$

令 p'=78.75 kN，则(4.8−0.7−h')×21+0.7×23+h'×6=78.75 kN，求得 h=1.56m。

按 U'=1 考虑，计算所得换填厚度较大。当换填路段不长，工程量不大时可以采用；若路段很多，换填工程量大，则可适当优化，取满足剩余沉降量不大于规范要求的工后沉降控制标准下的固结度即可，从而计算得满足要求的最小计算换填厚度。

路基在预压过程中不断补方，使预压标高维持在某一高度，因此在计算 p 及 p' 时应将路堤填方及沉降方合计作为总的附加应力来进行对比，进而反算出换填厚度 h'，沉降方可根据某时刻 t 的固结沉降 S_{ct} 采用经验公式 $\Delta V = \frac{2}{3}S_{ct}B$（$B$ 为路基底宽）计算。

经计算，需在预压 15 个月后，卸载预压方并换填 1.4m 厚的泡沫混凝土，方能满足规范工后沉降要求。

2. *施工阶段动态设计方法*

1）实际沉降观测数据的曲线拟合及趋势外推 15 年累计沉降量

回归分析和 15 年沉降值预测采用高等级公路沉降分析软件，将沉降观测数据按照时间-累计沉降量形成散点，剔除异常点后，以相关系数 R^2 及显著性检验值 F 两个因数作为辨别条件，来选择最贴合的曲线函数（指数函数、双曲线函数、多项式、对数函数、幂函数等）。R^2 越接近 1 越好，F 值越小越好。同时将预测的最终沉降量与实际经验数据、地质参数理论计算的最终沉降量进行对比，最终可选出合适的拟合曲线。选定后，再根据拟合曲线趋势外推 15 年累计沉降值。

以 12 标 K55+265～K55+365 路段为例，原设计方案为塑料排水板+超载预压＋泡沫混凝土，设计填高 3.9m，换填厚度 1.5m，目前预压时间不足 6 个月，沉降速率为 13mm/月，未达到稳定的要求，原设计埋设了观测断面桩号为 K55+365，回归及预测过程如图 7-10 所示。

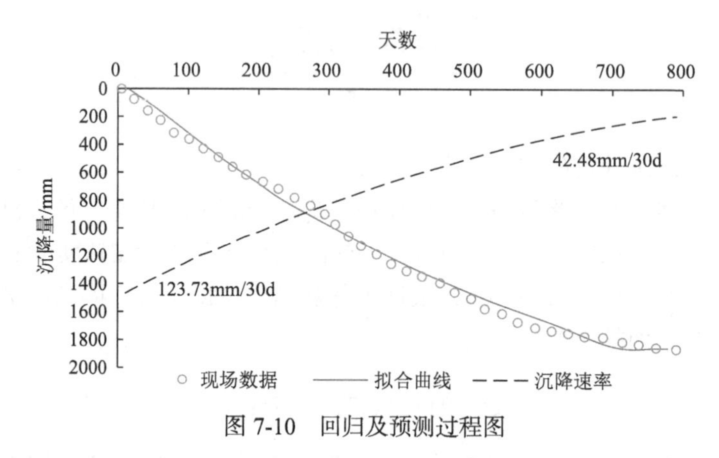

图 7-10　回归及预测过程图

经比对，最终选择指数函数曲线进行拟合，相关系数 R^2=0.997，显著性检验 F=19413，拟合较好。

2）换填泡沫混凝土实施后的工后 15 年沉降推算

由于预压荷载与最终通车后荷载不完全一样，对换填后最终荷载需与预压荷载进行等效换算，由于施工过程为逐级加载和不断补方的过程，还需换算成一次性加载（或总荷载），换算时考虑沉降补方引起的附加应力增量。

预压荷载=全断面土石方+超载预压方+沉降补充的土方量荷载。

通车后最终荷载=断面局部泡沫混凝土荷载+断面剩余土石方+路面结构+上路床汽车荷载+沉降补充的土方量荷载。

两者相比，差别在于全断面土石方与断面局部泡沫混凝土+断面剩余土石方的重量不同，有如下比例关系：

$$\text{等效荷载比}\,\eta=\frac{\text{换填后的工后15年累计沉降}}{\text{预压荷载下15年累计沉降}}=\frac{\text{通车后最终荷载}}{\text{预压荷载}} \tag{7.14}$$

从以上比例关系可以看出，只要根据沉降观测数据回归，并预测出预压荷载下 15 年累计沉降量就可以算出按一定厚度换填轻质材料后通车 15 年的累计沉降量，再减去卸载前累计发生的沉降量，就得出通车 15 年的工后沉降量，若不满足规范要求，则不断调整换填轻质材料厚度，到计算满足为止。

仍以 12 标 K55+265～K55+365 为例，计算过程如表 7-4 所示。

表 7-4　沉降计算过程

①预测沉降值/mm	曲线 15 年预测值	堆载 15 年后	3032
	曲线预测值（预压结束时）	预压结束	2099

续表

②断面参数/m		路基（顶部）设计宽度				33.5	
		路基（底部）设计宽度				46.2	
		路基设计高度				3.9	
		超载预压高度				0.9	
③各结构层重量计算		结构层位层厚及容重		厚度/m	容重/（kN/m^3）	断面面积计算/m^2	荷载计算/kN
	1	垫层（清宕渣或砂砾）	A	0.5	22	23.1	508.2
	2	路基层（粉渣）	B	3.4	20	132.3	2646.3
	3	预压层（粉渣）	C	0.9	20	40.365	807.3
	4	上路床（透水性材料）	D	0.35	22	16.17	355.74
	5	路面结构层（沥青混合料）	E	0.72	23	16.56	380.88
	6	行车荷载（换算或均布等效土荷载）	F	0.5	20	10	200
	7	泡沫混凝土换填荷载	G	1.9	6		
④沉降方重量计算		参数		符号		数值	
		预压顶宽/m		B		33.5	
		路堤高度/m		H_d		5	
		S_p三侧沉降量/m		$S_{p左侧}$		2.005	
				$S_{p中侧}$		2.07	
				$S_{p右侧}$		2.099	
		断面沉降土方量/ m^3		$S_{沉}$		102.15	
		断面沉降土容重/(kN/m^3)		γ		20	
		断面沉降土方荷载/ kN		G		2043	
⑤泡沫混凝土重量计算		路肩宽度/m				0.75	
		路堤坡比				1.5	
		中央分隔带宽/m				2	
		泡沫混凝土梯形坡比				1	
		设计泡沫混凝土换填厚度/m				1.9	
		泡沫混凝土倒梯形顶边长度/m				15.2	
		泡沫混凝土倒梯形底边长度/m				12.8	
		泡沫混凝土倒梯形斜边长度/m				1.70	

续表

⑤泡沫混凝土重量计算	泡沫混凝土倒梯形两侧短边长度/m		0.7
	单个泡沫混凝土梯形面积/m^3		27.44
	泡沫混凝土梯形面积的路基荷载计算/(kN/m^3)		1097.6
	泡沫混凝土换填荷载计算/(kN/m^3)	H	329.28
⑥工后沉降推算	换填泡沫混凝土前，加载在土体上的路基填方总荷载（含沉降方荷载）V_1/(kN/m^3)		6004.81
	换填泡沫混凝土后，加载在土体上的路基路面总荷载（含沉降方荷载）V_2/(kN/m^3)		4711.21
	等效荷载比 η		0.78
	推算工后沉降量	$S_{推}$=279.8mm	≤300mm

经推算，换填 1.9m 厚泡沫混凝土方能满足工后沉降要求，比原设计方案 1.4m 换填厚度增加了 50cm，是预压时间缩短引起的。根据数据统计，若按原设计要求严格预压 15 个月，基本都达到稳定状态，因此足够的预压时间即可满足工后沉降，也能节约建设成本，但当时工期紧张，难以做到，唯一的办法就是通过增加换填泡沫材料的工程量或换以更轻质的可发性聚苯乙烯（expandable polystyrene, EPS）材料。

3）复合地基+换填泡沫混凝土处理方式的工后 15 年沉降推算

可以看出，在对沉降数据进行回归分析拟合时，并未涉及地基处理方式的参数，仅仅是就现象论事，对数据进行处理，即使是复合地基处理后，在预压过程中发生沉降的规律与排水固结法处理方式发生的沉降是大同小异的，都是先陡后缓，逐渐趋向收敛。也就是说，不同的地基处理方式在沉降发生过程中，差别只在于何种函数拟合得更好的问题，沉降由快到慢最终逐渐收敛的规律是一样的。

因此，复合地基+换填泡沫混凝土处理方式也同样可以通过先曲线拟合并趋势外推，后利用等效荷载比的换算来推算工后 15 年沉降，再与规范要求的工后沉降容许值进行对比，来反算泡沫混凝土换填厚度确定设计方案。以 12 标为例，若干桥头路段采用水泥搅拌桩+泡沫混凝土处理，推算工后沉降结果见表 7-5。

表 7-5　第 12 标段典型桥头断面工后沉降预测表

部位	断面位置	归属	处理方式	推算工后沉降/mm	备注
主线桥头路段（含桥头及桥头过渡段）	K53+662	桥头过渡段	水泥搅拌桩+泡沫混凝土	82.0	
	K53+687	桥头	水泥搅拌桩+泡沫混凝土	71.8	
	K54+697	桥头	水泥搅拌桩+泡沫混凝土	77.0	
	K54+722	桥头过渡段	水泥搅拌桩+泡沫混凝土	84.3	
	K54+732	桥头过渡段	水泥搅拌桩+泡沫混凝土	99.3	
	K55+077	桥头过渡段	水泥搅拌桩+泡沫混凝土	95.8	
	K55+087	桥头过渡段	水泥搅拌桩+泡沫混凝土	78.3	
	K55+102	桥头	水泥搅拌桩+泡沫混凝土	69.6	
	K55+135	桥头	塑排+超载预压+泡沫混凝土	47.0	
	K55+150	桥头过渡段	塑排+超载预压+泡沫混凝土	65.5	
	K55+160	桥头过渡段	塑排+超载预压+泡沫混凝土	170.4	需增加换填量设计
	K55+557	桥头过渡段	水泥搅拌桩+泡沫混凝土	77.7	
	K55+567	桥头过渡段	水泥搅拌桩+泡沫混凝土	63.5	
	K55+582	桥头	水泥搅拌桩+泡沫混凝土	33.8	
	K55+612	桥头	水泥搅拌桩+泡沫混凝土	78.6	
	K55+627	桥头过渡段	水泥搅拌桩+泡沫混凝土	61.8	
	K55+637	桥头过渡段	水泥搅拌桩+泡沫混凝土	98.9	

从表中可以看出，按照动态设计方法推算桥头路段工后沉降，可以核查出不满足规范要求的工点，进而修正原设计，由此找到一种用于桥头路基采用泡沫混凝土换填的设计验算方法，这种方法可以很精确地计算泡沫混凝土的换填量，较准确地推算工后沉降是否满足规范并动态校核原施工图设计方案。计算结果与实际沉降监测数据吻合较好。如 K55+092～K556+117 桥头，通车半年后观测沉降量仅为 3mm；K55+410.5～K55+435.5 桥头，通车半年后观测沉降量仅为 5mm。

4）泡沫混凝土解决桥路过渡段平顺过渡的方法

综上所述，找到了一种精确计算泡沫混凝土换填量以及准确推算工后沉降的方法，于是对于桥头路段与一般路段平顺过渡问题也就迎刃而解了，只要将桥头路基划分为正常处理段和桥头过渡段，桥头过渡段再细分为若干子段（理论上可以无限分割，但考虑施工可操作性一般分为 2 或 3 段），并针对每一子段采用不同的换填厚度值，进而推算工后沉降，这些推算沉降值可以形成散点图，当这些点可形成光滑的曲线时，就说明设计的换填厚度递减值是合理的，能够满足桥路过渡的平顺化。

7.3.3　换填泡沫混凝土后沉降分析

对累计沉降曲线函数求导，即可得到沉降速率曲线，理论上沉降速率曲线也是类似于累计沉降曲线的形状，只是纵坐标为速率单位。沉降速率曲线对时间积分，即为累计沉降量，如图 7-11 所示，三角形面积 *S* 近似为工后沉降量，因此卸载时间点的沉降速率可由面积 *S*/（工后 15 年时间点–卸载时间点）×（2～4）计算。按此方法可依据换填泡沫混凝土后推算的工后沉降再次反推换填泡沫混凝土时间点的沉降速率。

同理，塑排+超载预压路段，也可推算超载预压卸载至等载预压高度时的沉降速率。

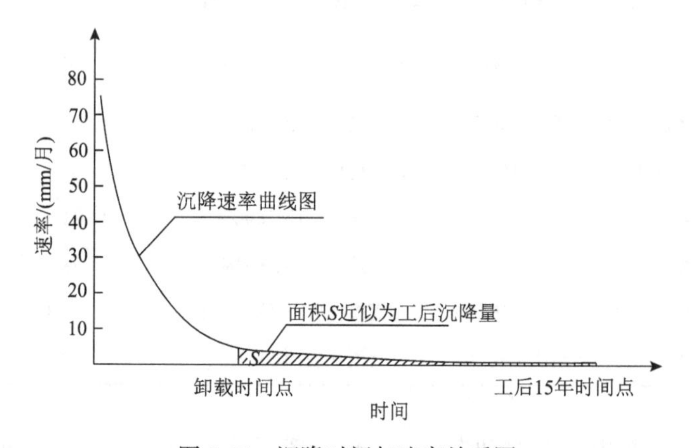

图 7-11　沉降时间与速率关系图

浙江省地方标准 DB33/T 904—2013《公路软土地基路堤设计规范》于 2013 年 12 月发布，2014 年 1 月实施，其中第 13.7.2 条明确了卸载控制指标。

（1）欠载预压的段落，按连续两个月的沉降速率小于 3mm/月进行控制。

（2）对于等载预压的段落，按连续两个月的沉降速率桥头小于 3mm/月、一般路段小于 5mm/月进行控制。

（3）对于超载预压的段落，按连续两个月的沉降速率小于 7mm/月进行控制。

规范还规定，同时满足沉降速率和推算工后沉降小于规范容许值这两个条件时方可卸载做路面。

但规范仅针对不换填泡沫混凝土的情形，若设计方案中有泡沫混凝土换填，而在沉降速率满足以上条件时才进行卸载换填泡沫混凝土，则换填泡沫混凝土后，沉降速率更小甚至反弹，这样过于保守，建议采用如下标准。

（1）当换填泡沫混凝土之前已满足上述条件（1）～（3），并且推算工后沉降小于设计容许值时，直接换填泡沫混凝土，填筑上路床对路面进行施工。

（2）当换填泡沫混凝土之前不满足上述条件（1）～（3），但推算工后沉降小于设计容许值时，可继续预压或换填泡沫混凝土及上路床施工，并按路面底基层施工前有连续两个月的沉降速率均满足欠载预压路段的卸载指标要求进行控制。

（3）当换填泡沫混凝土之前不满足上述条件（1）～（3），且推算工后沉降也大于设计容许值时，继续预压或根据需要增加泡沫混凝土换填量，直至推算工后沉降小于设计容许值，再按第（2）条执行。

7.4　本 章 小 结

（1）地基处理方式对路段总沉降影响较大，塑排+超载预压+泡沫混凝土地基处理总沉降达到 156.5mm，管桩复合地基路堤总沉降为 4.55mm，效果明显。

（2）换填厚度对路段总沉降有影响，但对于管桩处理地基的情况，影响很小，4m 泡沫混凝土换填时沉降量为 4.76mm，3m 泡沫混凝土换填时沉降量为 4.87mm，2m 泡沫混凝土换填时沉降量为 5.21mm，1m 泡沫混凝土换填时沉降量为 5.43mm。而当地基处理为水泥搅拌桩+泡沫混凝土、塑排+超载预压+泡沫混凝土处理时，换填厚度对总沉降及工后沉降将产生较大影响。

（3）针对泡沫混凝土用于解决桥路过渡段平顺过渡问题，找到了一种算法，既有施工图阶段理论计算也有施工过程中的动态设计计算，并能精确计算需要的换填量，准确推算工后沉降量，为工程实施提供较好的技术指导。

（4）无论是排水固结法处理还是复合地基处理后进行泡沫混凝土换填，都可以采用本方法进行设计以及推算工后沉降量，从实际观测数据来看，本计算方法与工程实际吻合较好，可对原设计方案进行校核和优化设计，做到精细化设计。

（5）DB33/T 904—2013《公路软土地基路堤设计规范》中的卸载控制指标未明确有换填轻质土的情况，本章针对有泡沫混凝土换填设计的软土地基处理问题，提出了一种推算卸载时刻沉降速率的算法，如此可在施工过程中动态控制卸载时间点，对该规范进行了补充。

参 考 文 献

[1] 杨建约，范美昌，钟振宝，等. 加筋泡沫轻质土浇筑新型直立式路堤的施工. 建筑施工，2015, (4): 505-507.

[2] 葛良福，邵国攀，侯伟名，等. 基于 ANSYS 的轻质混凝土路涵过渡段的应用研究. 装饰装

修天地, 2016, (11): 330.
[3] 周川滨. 高性能轻质混凝土路桥过渡段材料特性与数值分析. 成都: 西南交通大学, 2016.
[4] 荆伟伟. 滨海路堤桥头过渡段地基处理关键技术研究. 杭州: 浙江工业大学, 2014.
[5] 谈宜群. 泡沫混凝土性能及其在台背填筑结构中的应用研究. 南昌: 南昌航空大学, 2016.